计量惠民生系列

国家『十三五』重点规划图书

身边的计量

北京市计量检测科学研究院 编

中国质检出版社
中国标准出版社

北京

图书在版编目（CIP）数据

身边的计量／北京市计量检测科学研究院编．—北京：中国标准出版社，2017.5（2022.12 重印）
（大质量　惠天下——全民质量教育图解版科普书系）
ISBN 978-7-5066-8650-1

Ⅰ.①身…　Ⅱ.①北…　Ⅲ.①计量—普及读物　Ⅳ.①TB9-49

中国版本图书馆 CIP 数据核字（2017）第 086488 号

身边的计量

出版发行：中国质检出版社
　　　　　中国标准出版社
地　　址：北京市朝阳区和平里西街甲 2 号（100029）
　　　　　北京市西城区三里河北街 16 号（100045）

电　　话：（010）68533533（总编室），51780238（发行），68523946（读者服务部）
网　　址：http://www.spc.net.cn
印　　刷：北京博海升彩色印刷有限公司印刷
开　　本：880×1230　1/32

字　　数：209 千字　　　　印　　张：8.5
版　　次：2017 年 5 月第 1 版　　　　印　　次：2022 年 12 月第 3 次印刷
书　　号：ISBN 978-7-5066-8650-1
定　　价：48.00 元

编委会

出版说明
PUBLISHER'S NOTE

质量，一个老百姓耳熟能详的字眼，一个经济社会发展须臾不可分离的关键要素。质量关系民生福祉，关系国家形象，关系可持续发展。

党的十八大以来，以习近平同志为核心的党中央高度重视质量问题，明确提出要把推动发展的立足点转到提高质量和效益上来，突出强调坚持以提高发展质量和效益为中心。习近平总书记针对质量问题发表了一系列重要论述，尤其是在阐述供给侧结构性改革中，反复强调提高供给质量的极端重要性。李克强总理对质量也高度重视，强调质量发展是“强国之基、立 业之本、转型之要”。

为了宣传质量知识，使全社会积极参与到质量强国的建设事业中来，中国质检出版社（中国标准出版社）邀请相关政府机构、科研院所、科普工作者等合力打造了《大质量 惠天下——全民质量教育图解版科普书系》，本书系已被列为国家“十三五”重点规划图书，成为提升全民科学文化素质的出版物的重要组成部分。本书系采用开放式的架构，围绕质量、安全核心，结合环保、健康、安全等热点，内容涵盖“四大质量基础”（标准、计量、认证认可、检验检测）、“四大安全”（国门安全、食品安全、消费品安全、特种设备安全），涉及“衣”“食”“住”“行”“游”“学”“用”等，集科学性、通俗性和趣味性为一体，用平实而生动的文字和新颖活泼的版面、图文结合的方式，使百姓在生活中认识质量、重视质量，掌握必要的质量知识和基本方法，增强运用质量知识处理实际问题的能力，并提升生活品质。

质量一头连着供给侧，一头连着消费侧。提升质量是供给侧结构性改革的发力点、突破口。我们希望通过本系列图书为大众普及质量知识尽绵薄之力，也期待质量知识的传播使企业发扬工匠精神，狠抓产品质量提升，让老百姓有更多的“质量获得感”，让全社会分享更多的“质量红利”。

中国质检出版社

中国标准出版社

2017 年 2 月

序言 PREFACE

什么是计量？它是关于测量及其应用的科学。

我国古代计量的主体是度量衡。“度”，《孟子》曰，“度，然后知长短”；“量”，《庄子》云，“为之斗斛以量之”；“衡”，《礼记》述，“犹衡之于轻重也”……现代计量早已不局限于“度量衡”，无论是时间计量，还是长、热、力、声、光、电、化学、生物计量等都已经根植于我们日常生活的方方面面。“一秒”有多长？现代计量定义它是铯133原子（^{133}Cs）共振的9 192 631 770个周期。“一米”有多长？现代计量定义它是激光在真空中3亿分之一秒（1/299 792 458秒）所走的距离……

商品房面积怎么测量的？装修是引“狼”入室吗？如何挑选家用血糖仪？手机用耳机接听可以防辐射吗？护眼灯真的护眼吗？PM2.5是怎么形成，怎么监测的？“刚才最后一响，是北京时间八点整”，什么意思？……这些在我们的日常生活中比比皆是，它们毋庸置疑都是现代计量的研究范畴。把这些生活中常见的计量知识用通俗的语言告诉大家，是计量人义不容辞的责任和义务。

在国家大力倡导科学普及的今天，北京市计量检测科学研究院组织专业力量以“身边的计量”为题编写了这本计量科普小册子，借此机会推荐给各位读者，希望它成为大家了解计量、关心计量、喜爱计量、学习计量、重视计量的一个线索。

北京市计量检测科学研究院院长

2017年4月21日

目录

CONTENTS

百姓生活

环保节能

交通出行

绿色健康

时代科技

百姓生活

1 “北京时间八点整”是咋回事?

经常会在收音机里听到播音员报时:“嘀——刚才最后一响,是北京时间八点整”。那么这个“北京时间”是怎么回事?它又是从哪里来的呢?

所谓“北京时间”,是把我国首都北京的东八时区(东经 120 度)的时间作为标准时间。解放以前,我国时间非常混乱,由于国家幅员辽阔,所以旧中国分别采用了 5 个时间标准,即中原时区、陇蜀时区、新疆时区、长白时区、昆仑时区,这给经济发展和人民生活都带来极大不便。解放后,经全国人大批准,把“北京时间”作为全国统一的标准时间。

“北京时间”是由位于陕西中部的“国家授时中心”发出的。这是一个占地 30 亩的中国时间城,周围一道 4 米高的红砖墙把它围成了一个大院子,由解放军守时兵昼夜守卫。时间城内有提供时间的原子钟房,1970 年 12 月开始向全中国播发北京时间。

我们知道各地都有各地的地方时间。如果对国际上某一重大事件,用地方时间来记录,就会感到复杂不便,而且将来日子一长容易搞错。因此,1884 年,20 多个国家的代表在美国华盛顿召开会议,就使用统一的国际标准时间和统一的子午线问题作出决议:“会议向与会国政府建议,将通过格林尼治天文台子午仪中心的子午线规定为经度的本初子午线。”于是通过格林尼治天文台的经线被世界公认为本初子午线。“格林尼治国际标准时间”从此诞生。与此同时它也作为计算地理经度的起点和世界“时区”的起点。地球一周被分成 24 等份,每一等份为一个时区,这样一个时区的经度跨度是 15 度,一天 24 小时,所以相差一个时区就相差 1 小时。北京的经度是 116 度 21 分,所以在子午线往东第八个时区内。即东八时区。北京时间比世界标准时间早 8 小时。8 × 15 = 120,所以东八时区的区时为东经 120 度的时间，就是北京时间。

平常，我们在钟表上所看到的“几点几分”，习惯上就称为“时间”，但严格说来应当称为“时刻”。某一地区具体时刻的规定，与该地区的地理纬度存在一定关系。如果整个世界统一使用一个时刻，则只能满足在同一条经线上的某几个地点的生活习惯。所以，整个世界的时刻不可能完全统一。这种在地球上某个特定地点，根据太阳的具体位置所确定的时刻，称为“地方时”。所以，真太阳时又叫做“地方真太阳时”（地方真时），平太阳时又叫做“地方平太阳时”（地方平时）。地方真时和地方平时都属于地方时。这也就印证了同一时刻，不同地区的时间是不一样的。

（由电磁信息与卫星导航研究所许原撰稿）

2 护眼灯真的护眼吗？

1. 什么是护眼灯

随着人们对健康的重视，护眼灯逐渐走入了大家的生活，那么什么样子的灯才是护眼灯呢？为了弄清这个问题，我们首先要知道普通光源哪些地方“伤眼”。“伤眼”的因素主要有两点：第一，频闪。我国电网的交流电为 50Hz，即每秒变化 50 次。所以直接使用交流电的荧光灯（日光灯），光亮是有闪烁的，闪烁频率为 100 次 /s，是电网频率的 2 倍。人眼能感知的主要变化为 30Hz 以内，灯光每秒 100 次的明暗交替变化虽不会被我们感知到，但这些闪烁对于人眼也是有影响的。如光亮时，眼中瞳孔会收缩；光暗时，瞳孔会放大。所以直接用交流电的日光灯对于眼睛有伤害。第二，色温。即光源是否刺眼，适合阅读的光源色温在 4100K 左右。长期使用色温不合适的光源阅读，会使眼睛产生不适，甚至影响视力。

那么根据上面提到的两点，护眼灯的关键就是消除频闪，固定色温。消除频闪的办法现在一般分两种：第一种是使用直流镇流器，通过把交流电先转变成电压、电流平稳的直流电，用直流电点灯，达到基本无频闪，能避免视力疲劳；由于采用的是直流技术，无任何交流波动，也避免了由电子镇流器所引起的电磁干扰信号。但直流护眼灯工艺难度大，成本较高。第二种就是使用高频灯（如普通节能灯），即使用电子变频器，将 50Hz 交流电变成高频交流电（通常为 30kHz~50kHz），再用高频交流电点灯。在高频灯中，光亮每秒变化几万次，由于人眼来不及随之变化，就感觉不到变化，因而就是“不变”，达到了护眼的目的。色温的问题解决起来相对比较简单，色温在 4000K~4600K 的光源，色温适中，光柔和带点黄，比较适合阅读需要。目前市场上色温在 4100K 左右的灯泡品种很丰富，选择余地很大。

2. 如何选购护眼灯

普通消费者对台灯的内在技术（主要包括核心部件：镇流器 / 适配器，发光部件：灯头 / 灯管 /LED）不那么了解，在选购时往往眼花缭乱，有时只好凭价格、款式和颜色进行取舍，有一定的盲目性。实际上，购买时只要注意如下几点就行了：

（1）要看光线：

➢ 色温合理（4000K~4600K），即光线柔和；

➢ 亮度稳定，无闪烁或高频闪烁；

➢ 光线比较均匀，不是很小的光源；

➢ 灯具灯罩设计合理，没有眩光（眼睛看得到的亮点）。

（2）要看证件、各类证书，如：质检报告、产品合格证、质保卡、使用说明书、其他专利证书等，另外一定要有国家安全强制认证标识 CCC，即常说的 3C 认证标识。这些证件实际上是专门机构给消费者把关的方法。

（3）要看使用及售后服务，使用和保养方法要简便，而且一定要有维修地址和电话。

（4）要看是否便于更换灯管，灯管必须可以更换，以延长整灯的使用寿命。

（由电磁信息与卫星导航研究所张建亮撰稿）

3　一榻榻米有多大?

家装中很多人都非常喜欢在卧室、书房、阳台等地方设计榻榻米，榻榻米的上方可以设计书柜、衣柜或者书桌，下方可以储物，在房间里能集多种功能于一身，一般地台中间有个升降桌，升起来可以喝茶、吃饭、娱乐，降下去可以作为床。在房间小的情况下，能够最大限度地减少家具的堆放，使小空间也能实现多功能，同时显得整齐而不凌乱，有效地提高了空间利用率。

榻榻米是几千年席居文化最完美的结晶，是无数代人智慧的凝结。榻榻米至今已有近两千年的历史，在日本发扬光大和广泛应用。早在 16 世纪末，日本社会就有按榻榻米分配、修建房子的做法。目前，在非洲、东南亚、南美、日本、韩国、朝鲜以及中国云南、内蒙古的游牧地区等地都存在着不同形式、不同发展阶段的席居生活方式。席居生活既是最初的原始住民的必然选择，也贯穿于人类文明发展的各个阶段。

1. 榻榻米有多大

榻榻米不仅是一个名词，也是一个计量单位。一张榻榻米的尺寸是长 180cm、宽 90cm、厚 5cm、面积 1.62m^2，也有尺寸为 90cm × 90cm 的半张榻榻米。在中国，一般我们用多少平方米来衡量一间房子的大小，而在日本，因为榻榻米的大小是固定的，所以传统的日式建筑中，房间尺寸都是 90cm 的整数倍，人们根据能铺几张榻榻米来计算和式房间的大小。

2. 榻榻米的制作

传统榻榻米大多用蔺草编织而成，并且用稻草捆扎，以织锦或黑布料滚边，表面都为素面，没有纹饰。现代榻榻米采用日本先进技术和设备，以优质稻草为原料，通过高温熏蒸杀菌处理，压制成半成品后经手工补缝，再包上两侧装饰边带制成成品。一张品质优良的榻榻米大约重 30kg，刚做好的榻榻米是草绿色的，使用时间长了以后，因日照发生氧化，会变成竹黄色。榻榻米的构造分为三层，底层是防虫纸，中间是稻草垫，最上面一层铺蔺草席，两侧的封布包边上一般都有传统的日式花纹。

3. 榻榻米的使用和保养

榻榻米在使用前可用干布擦拭，但是不能用水擦，不可用力弯曲或拉扯，以防表面产生折痕或变形；榻榻米应平放在通风阴凉处，在太阳充足的日子里，要掀开通风，晾晒背部，最好每隔半年暴晒 1h 左右，以防发霉、变质、蛀虫；榻榻米风吹日晒久了容易掉色，用稀释的醋擦拭榻榻米，可避免榻榻米泛黄变色；由于榻榻米一般比较沉重，所以建议下方储物柜或地箱内放置不常用的物品；装修榻榻米要选择适当位置，榻榻米只需要四五平方米的空间，最好不要把整个房间都铺设成榻榻米，如果整个房间都是由榻榻米铺设的，那么清洁、防潮、日常维护的工作就会十分繁琐。

（由电磁信息与卫星导航研究所丁香撰稿）

4 如何测量商品房的面积?

随着国家建筑行业的发展、房屋买卖商品化进程的推进，民用房屋住宅也作为一种高消费的商品进行买卖交易，因此房屋面积的测量也成为广大消费者和政府计量部门关注的焦点。为了指导各地房屋面积的测量工作，国家相关部门也相继出台了一些技术法规，例如：GB/T 50353—2013《建筑工程建筑面积计算规范》、DB11/T 661—2009《房屋面积测算技术规程》、《商品房销售面积计算及公用建筑面积分摊规则》建设部建房［1995］517 号等技术法规，促使相关的测量部门统一测量方法，保证测量数据的准确可靠。

房屋面积的测量工作随着房屋建筑样式的多元化和几何量测绘技术的不断进步，从原来使用简单的卷尺拉线测量技术、手工计算测量结果的传统测量阶段，过渡到现代测量技术发展的新时期，测量人员使用专业几何量测绘长度测量仪器，例如激光测距仪、经纬仪、全站仪、垂准仪等高精度的测绘仪器，完成各种复杂的多功能大厦、民用建筑公寓、别墅、错层楼宇等房屋测量任务，使得商品房屋的测绘工作达到了事半功倍的效果。

通常在房屋建造初期使用一些专用的几何量测绘仪器进行水平、垂直等方向的定位，根据设计施工图纸进行建造，房屋建造完工后，要经过当地房屋测绘部门的实地测量，根据建筑施工单位提供的建筑施工图纸和图注尺寸作为参考，采集现场测量数据，使用专用CAD软件模拟实地测量平面图，最后运用技术规程中规定的统一计算公式，计算出所要的测量项目的实际测量结果。

房屋测量前应参照建筑施工图纸进行实地调查，对分户权界线及房屋公用共有部位进行确认，房屋面积测量平面草图实地绘制，楼房要分层绘制，尽量按几何图形分块，并编写序号，以便进行户型区分。房屋面积测量通常使用激光测距仪进行现场测量，不但提高了测量精度，而且扩大了测量的长度距离，解决了以往分段测量、误差重复累积的问题。经纬仪通常用于测量大型楼宇外围尺寸，通过一些辅助设备达到预期外围尺寸的测量效果。房屋面积的测量，经常要涉及一些包括套内使用面积 、套内阳台建筑面积、套内墙体面积、套内建筑面积 、应分摊的共有建筑面积、套房销售整幢商品房的建筑面积等专业术语，需要参照相关技术规程解释，了解含义，以免产生争议。

房屋面积测量工作对于开发商、购买商品房的消费者是重要的技术支持，当消费者在购买商品房时，对开发商给出的数据产生疑义时，可以申请由当地的规划委员会批准的具备资质的第三方房屋测绘机构进行复测，并要求给出测量数据、出具证书，以备相关政府部门裁定。房屋面积测量工作是对消费者、开发商和政府利益的重要技术保证，关乎每个人的切身利益，值得密切关注。

（由机械制造与智能交通研究所崔蕊撰稿）

5 菜市场的“秤”有哪些奥秘？

在每一个家庭中，柴、米、油、盐和各种蔬菜、水果等都是我们日常生活中经常购买的必需品，对于这些商品，我们所关心的问题无外乎就是质量是否合格。所谓质量，一是指产品内在的质量好坏，另一个就是指产品的重量（质量）够不够的问题。

农贸市场是每个老百姓购买蔬菜、水果、副食生鲜都会去的地方，而菜市场的秤是否准确直接关系到消费者的切身利益，是广大消费者关注的重中之重。那么，它又有哪些奥秘呢?

首先，我们来了解一下什么是秤。秤，又名衡器，是用来保证产品重量够不够的重要计量器具。为了保障广大消费者的利益、维护守法商家的权益，在 1986 年 7 月 1 日开始施行的《中华人民共和国计量法》（以下简称《计量法》）中，衡器一直是强制检定的计量器具。无论是在集贸市场、超级市场，还是在大宗物料交易过程中使用的度盘秤、案秤、电子计价秤、吊钩秤（见下图）以及汽车衡等用于贸易结算的计量器具，都必须经过质量技术监督部门的检定，用以保证在用计量器具的准确公正。

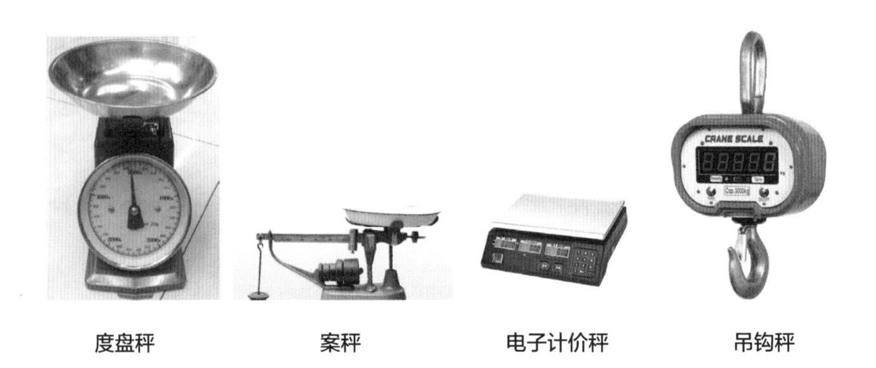

度盘秤　　案秤　　电子计价秤　　吊钩秤

目前，我国绝大部分城区市场都使用电子秤计重。电子秤是利用胡克定律或力的杠杆平衡原理测定物体质量的工具，具有多功能、高精度、快速和动态计量、稳定、可靠等特征，代表了衡器产品的发展方向。

商之道，利为先。所以从远古时代有贸易活动开始，“短斤少两”现象也随之产生。随着科技的发展，衡器的技术含量也得到了很大程度的提高，有效地防范了作弊行为。但“道高一尺，魔高一丈”，衡器的作弊手段也由简单的低智能型转向高智能型。当我们在农贸市场买菜时，如果遇到以下情况，那就要多留心了。

① 如果发现电子秤有明显的水平不平的情况，可能是商贩使桌子倾斜，或是用硬币、纸张将秤身垫高造成缺斤少两。

② 商贩有意不将秤盘放秤上，待顾客购物时，按上单价数字后，再将放有商品的秤盘放在秤上计量，结果秤盘的重量也成了商品的重量，计算在价款之内了。

③ 留底数法：空秤时表示重量的读数应该是零，但有些商贩却在左面重量的数字中先储存一定的底数，顾客购物时，底数连同所购商品一并计入价款。

④ 商贩在空秤时将商品重重地丢进秤盘，冲击力使秤的重量读数在一瞬间被人为地加大，待顾客还未来得及细看时，商贩迅速将商品拿起，随即报出价款。

⑤ 遮字幕法：有的商贩故意将商品等物堆于电子秤的字幕前，使顾客看不清楚字幕上的单价，然后信口开河，乱报重量和价款。

基于上述情况，我们在日后的购物过程中，可以通过观察电子秤上是否贴有所属辖区计量部门的检定合格证等手段来避免上当受骗。当然，也会存在个别商贩利用某些手段在计量部门检查时将秤恢复正常来应付检查的情况，因此如果对购买的商品重量存在质疑，也可以利用市场中的公平秤来进行复秤。自 2014 年年底北京市地方标准 DB11/T 1094—2014《农贸市场公平秤设置与管理规范》正式实施以来，目前首都已有 74% 以上规模较大、管理规范的农贸市场、社区菜市场配备了公平秤。通过采用统一标准配置的公平秤，方便了消费者进行现场复核，无形之中震慑了不法商贩，减轻了市场管理者巡查工作的压力，进而促进了农贸市场领域诚信消费良好氛围的形成。

（由机械制造与智能交通研究所张思然、陈雪撰稿）

6 “拧紧螺栓”多紧最合适?

螺栓和螺母在整个工业社会中是最实用的紧固元件，它们既可以经受很高的工作载荷，也可以拆卸下来加以利用。螺栓连接是基于可拆卸连接设想而创造的，可以用一个或多个螺栓来连接两个或多个零件。这样连接起来的部件就可以像一个零件那样运转和移动。螺栓连接必须能抵抗外力的作用，使已经被装配的零件不会向分离的方向移动，否则会造成螺栓接头的松动、破坏或脱落，这就是为什么人们总是在问“拧紧螺栓”多紧最合适?

我们仔细观察分析螺栓连接紧固的过程，发现在使用扳手一类拧紧工具进行紧固连接时，螺栓被拧入螺孔直到其头部与被装配件相接触之时工具突然停止。这个过程乍一看似乎十分简单，但是每个人进行这个操作时使用的力量大小不同，最终螺栓拧紧程度也不一样。如何正确评价螺栓拧紧程度?通常我们利用物理中的扭矩来衡量。扭矩在物理学中就是力矩的大小，等于力和力臂的乘积，国际单位是 N · m（牛米）。

测量扭矩大小即“拧紧程度”的计量器具有很多种类，针对螺栓拧紧过程最经常使用的计量器具是可设定扭矩值的预置扳手，也称为“发声扳手”。在使用预置扭矩扳手手工拧紧螺栓时，其在终断扭矩的同时发出信号，即“咔嗒”一下的机械响声，表示已达到了设定的扭矩。另一种更直观的方法是使用具有显示功能的指示型扭矩扳手，用它们拧紧紧固件直到显示出达到设定的扭矩。现在的问题是：扭矩扳手的测量是否准确?目前国内外的通用方法是扭矩扳手的量值要求溯源至国家扭矩计量基准，实际生活中扭矩扳手可以通过计量合格的扭矩扳手检测仪进行校准。

拧紧螺栓是不是“劲儿”越大越好呢?我们在拧紧螺栓的时候经常

会发生由于拧紧扭矩过大使得螺栓的螺纹失效，即“拧脱扣了”，严重的话还会发生螺栓延迟断裂甚至当场被拧断的情况，如果拧紧扭矩过小则会在拧紧螺栓后产生被连接件分离、相对滑动以及螺栓松动的现象，因此螺栓的拧紧扭矩是影响被连接件各种功能最重要和根本的因素。在实际工程应用中如何确定拧紧螺栓需要多大的扭矩是一个复杂的过程，需要考虑到螺栓连接系统上的载荷，螺栓以及被连接件的材质、尺寸、强度以及摩擦系数等因素。在我们生活中，一般情况下，应当适度拧紧螺栓，特殊场合应该参照说明书或者使用手册的规定拧紧螺栓，例如：更换家用汽车轮胎时，应该严格遵照车辆使用手册中的规定拧紧轮胎螺栓，或者到 4S 店由专业人员用校准过的扭矩扳手按照指定扭矩值上紧轮胎螺栓，否则车辆在行驶过程中极易发生轮胎螺栓剪断的危险情况。

拧紧螺栓，一个看似简单的手工过程，人们却总是追问拧多紧最合适呢？最终拧紧质量，只有依靠准确的扭矩计量与实际工程技术相结合才能保证。

（由机械制造与智能交通研究所骆昕、全锐撰稿）

7 你了解不粘锅和计量的联系吗?

生活中不能没有厨房，厨房怎能少了锅碗瓢盆，我们时常说柴米油盐，或者油盐酱醋，可想而知锅和油对生活对厨房是多么重要。从小看妈妈做饭，我们都知道在炒菜前先放油，在煎鸡蛋前也是先放油，油除了作为调味品之外，它还肩负着一个更重要的任务，那就是不让饭菜粘在锅上，糊了锅。以上就是过去我们家家户户只有或者只用铁锅的情景。

现在伴随着生产技术的发展和人们生活水平的提高，锅的种类也多了起来，根据锅内面材料的不同，可分为铁锅、铝锅、不锈钢锅、合金钢锅、不粘锅等；根据用途的不同，又分为煎锅、炒锅、煮锅、奶锅、压力锅等。其中不粘锅是目前市场上很重要的一种，因其不易粘底、易清洗等优点得到人们的广泛认可。此外，不粘锅能减少油的用量，帮助人们减少脂肪的摄入量，满足了人们对健康的追求。

1. 不粘锅为什么不粘

不粘锅与普通锅的外形的确没有什么两样，它只是在普通锅的内表面多涂了一层高分子材料：聚四氟乙烯。这里的不粘是相对于金属锅不涂覆聚四氟乙烯涂层而言的。不粘的原因是因为聚四氟乙烯的单体四氟乙烯是高度对称的，属于非极性物质，不易与烹饪的食物发生粘连。此外，聚四氟乙烯在高分子材料里属于耐高温的一种，工作温度可达 250℃，可以满足做饭炒菜的温度要求，这些条件综合起来成就了不粘锅的诞生。

既然不粘锅是因为金属表面涂覆的聚四氟乙烯与做的饭菜不粘连所以不粘，那么聚四氟乙烯又是怎样粘连在金属表面的呢？这里涉及几种物质的温度概念，水的沸点是 100℃，平常食用油的烹饪温度在 210℃左右，铁的熔点为 1535℃，聚四氟乙烯的熔融温度是 327℃。平常做饭过程中，食用油的温度在 210℃左右，聚四氟乙烯的工作温度可达 250℃，即不发生形变、不影响做饭的温度，它可以满足做饭达到 210℃左右的温度要求，这在高分子材料中是属于耐高温的，但相对于金属比如铁的熔点 1535℃还是很低。此外，聚四氟乙烯的熔融温度是 327℃，即在这个温度上下聚四氟乙烯是可以流淌的，这就可以解释聚四氟乙烯是怎样涂覆在锅表面的，就是将聚四氟乙烯高温熔化后在金属锅上涂覆薄薄一层。这薄薄一层的厚度按国家标准规定：煎锅、炒锅，平均厚度为大于或等于 25μm，即 0.025mm；煮锅、奶锅，平均厚度为大于或等于 20μm，即 0.020mm。这是不粘锅的一项重要指标，会影响到不粘锅的使用寿命和性能。另外不粘锅在涂层前需要进行其他表面物理和化学处理，从而加大附着牢度和抗划伤能力。但核心还是聚四氟乙烯的熔融温度能够使其涂覆在锅的表面，工作温度又能够满足我们做饭的要求。

2. 使用不粘锅的注意事项

我们在使用时，需要保护不粘锅以延长其使用寿命。首先，不粘锅不能干烧，由于聚四氟乙烯的工作温度可达 250℃，这种温度相对于我们平常做饭时沸点是 100℃的水和烧开的 210℃的食用油来说是足够的。当锅中没有水和油的时候，如果干烧锅，锅的温度有可能超过 327℃，那样不粘锅的聚四氟乙烯涂层容易被破坏。其次，涂层主要用于防粘，只是涂覆了薄薄的一层，其强度无法与铁锅相比，不能像用铁锅一样用金属铲在锅上刮擦，为了延长其使用寿命应尽量使用木铲，而且清洗不粘锅的时候尽量采用软布或者海绵而不是用钢丝球摩擦洗刷。

（由机械制造与智能交通研究所董志佼撰稿）

8 索道缆车的钢索安全吗?

相信广大读者都有乘坐景区客运索道的经历。在大家欣赏美景的同时，有没有想过索道架在险峻的山头上，检测人员是如何对索道进行检测来保证索道的安全运行呢?

客运索道的运行中，大家最关注的是在空中输送缆车的钢丝绳，它在客运索道系统中也被称为索道的“生命线”。本文就重点介绍一下这条生命线的“健康指标”和“体检办法”。

客运架空索道按其运行方式可以分为往复式客运架空索道（简称往复式索道）和循环式客运架空索道（简称循环式索道）；按所用的运载工具形式分，有吊厢式客运索道、吊椅式客运索道、吊篮式客运索道等。截至2012 年，我国已建成各种类型客运索道 1100 多条，其中客运架空索道 550 条，拖牵式滑雪索道近 600 条，分布在 29 个省、市、自治区（未包括港、澳、台地区），平均每年增加索道 30 条~40 条，但仍处于较为紧缺的状况。

截稿时最新的国家标准《客运架空索道安全规范》（GB 12352—2007）中，明确规定了钢丝绳的选用、固定和检验及报废要求。首先，作为客运索道的钢丝绳应采用整根钢丝绳，而不能采用续接的方式，在一些潮湿或有腐蚀性的环境中，还应选择镀锌钢丝绳。其次，客运索道用钢丝绳还应进行无损探伤检查。第一次检查应在钢丝绳安装后的 18 个月内进行，第一次的检查结果将作为以后检查的基础，第二次及以后的检查周期由安全监督检验机构决定。最后，常用的密封型钢丝绳的某处横截面积如出现 10% 的断裂，则应报废掉整根钢丝绳。这些都是这条“生命线”的健康指标。

由国家质检总局特种设备安全监察局牵头起草的《客运索道监督检验和定期检验规则》(TSG S7001—2013)中更是对GB 12352—2007进行了明确阐述，要求客运架空索道和客运缆车监督检验合格后，每3年进行1次全面检验，期间的2个年度，每年进行1次年度检验。检验时间不得超过安全检验标志上注明的“下次检验日期”。

钢丝绳的无损检测方法中，目前被公认的最为可靠的就是磁性（漏磁法）无损检测方法。它的基本原理是用磁场沿钢丝绳轴向磁化钢丝绳，当其通过磁化场时，一旦钢丝绳中存在缺陷，则会在钢丝绳表面产生漏磁场，或者引起磁化钢丝绳磁路内的磁通量发生变化，采用磁性敏感元件检测这些磁场的突变就可以准确地获知关于钢丝绳的缺陷信息（如右图所示）。

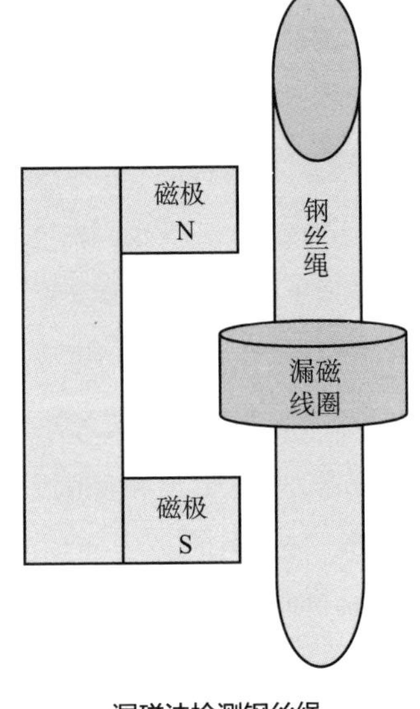

漏磁法检测钢丝绳

随着客运索道自动化程度的提高，其设备也越来越现代化。在线监测技术也在随之发展，以保证客运索道“生命线”的健康运行。所以，严格按照国家相应标准进行检测的客运索道是完全可以保证我们的生命安全的。

（由能源资源与远程监测研究所张易农撰稿）

9 眼镜店“水洗”后的眼镜为什么那么干净?

凡是戴眼镜的人一定都会有类似的经历，眼镜经过长时间佩戴后，眼镜片上总会有一层油渍。我们常用的方法是用眼镜布对眼镜片进行擦拭，细心的人还会喷上专门的去污喷剂后再对眼镜片进行擦拭。但这种方法也只能说是让眼镜看上去变干净了。要想使眼镜戴上后有一种清澈的感觉，相信大家都会选择去眼镜店，请店里的专业人士给眼镜进行一次彻底的“水洗”。戴上经过“水洗”的眼镜，就像新的一样，让你的眼前一亮。那么，为什么我们自己不能洗出这么清澈透明的效果呢？难道眼镜店的水里有什么特殊的药剂？这种药剂会不会给我们带来不必要的伤害呢？

其实，这些担心都是多余的。因为并非是眼镜店的水里有什么除污去渍的特殊配方，而是采用了“超声波”技术的清洗机所立的功劳。

超声波是一种频率超出人类听觉范围 20kHz 以上的声波。超声波很像电磁波，能折射、聚焦和反射，然而和电磁波又不同，电磁波可以在真空中自由传播，而超声波的传播要依靠弹性介质。其传播时，使弹性介质中的粒子振荡，并通过介质按超声波的传播方向传递能量，超声波在液体中传播时，会产生声空化。空化气泡突然闭合时发出的冲击波可在其周围产生上千个大气压力，凭借着这股劲儿，会对镜片上的污层进行反复冲洗。与此同时，气泡还能“钻入”裂缝中做振动，使污物脱落。这就是为什么经过超声波清洗后的眼镜有一种焕然一新的感觉。

在使用超声波清洗时主要需要考虑：超声波强度、超声波频率、清洗溶液、清洗温度几个主要方面。眼镜店选用的超声波清洗装置的电功率通常较低，一般为 1W 左右，而在选择频率时可不是频率越大越好，因为空化效果随着超声波频率的升高而降低，所以目前清洗眼镜用的超声波频率大部分较低，一般在 20kHz~50kHz 范围内。对于清洗溶液，则应该选择黏度较小的溶液，这样有利于空化的形成。在以上这些条件都具备了之后，为了更好地产生空化效果，水温最好能控制在 60℃，此时空化效果较为明显。

好了，经过介绍，希望大家可以对眼镜店的“水洗”眼镜有一定的了解，也希望读者注意用眼卫生，防止近视的发生及加重。

（由能源资源与远程监测研究所张易农撰稿）

10 驱蚊用品对人体的危害有多大?

夏季蚊虫肆虐，被蚊虫叮咬后，不仅皮肤会红肿、瘙痒，还可能被传播多种疾病。那么，面对商场、超市包装精美别致、名目繁多的驱蚊灭蚊产品，哪一种效果更好?我们该如何选择呢?

下面以几种常见的驱蚊用品为例进行分析：

1. 驱蚊液

成分：避蚊胺（DEET）或驱蚊酯，可以在6h~8h内通过阻断昆虫嗅觉受体的1-辛烯-3-醇起效。

危害：避蚊胺（DEET）浓度不同，分为“微毒”“低毒”，这种低毒不至于要人命，但如果长期使用，也会对身体造成一定的危害。

使用方法：喷涂防蚊液时，应避免直接洒在伤口或是起红疹的皮肤上。可先喷在手上，然后再涂抹在身体的裸露部位。建议在洗澡的时候将驱蚊液倒入水中使用，稀释一下以减少对皮肤的刺激。

2. 盘式蚊香

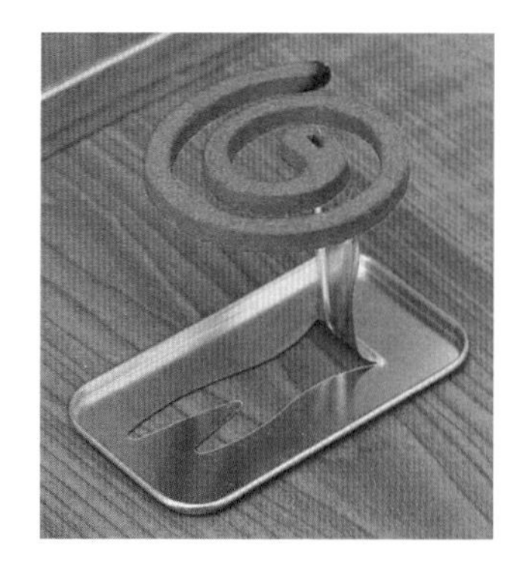

成分：菊酯、混合二醇、有机填料、黏合剂、染料和其他添加剂。

危害：盘香燃烧后产生的烟雾中含有可吸入颗粒物，对人体及环境有可能造成一定危害，长时间使用会损坏人的鼻黏膜。某些低劣的蚊香，还含有六六六粉、雄黄粉等，这些物质对人体会产生毒性甚至有致癌作用。

使用方法：每 15m^2 就应置放 1 盘蚊香，有效时间达 7h 以上，蚊香应该放在上风口。

3. 电蚊香片、液体电蚊香

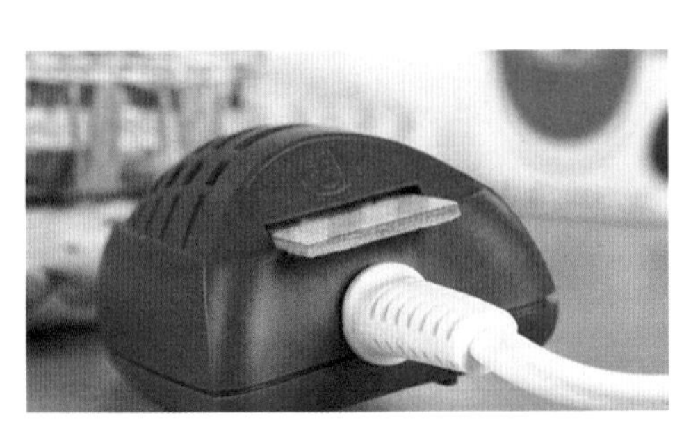

成分：菊酯、天然除虫菊素、增效剂、十四碳正构烷烃、香料。

危害：释放出亚列宁、甲苯等化学物质，以及对人体有害的有机化合物，过敏体质的人不适用。

使用方法：电蚊香在使用时要注意药片和加热器的配套使用，药剂驱蚊器 20d~40d 更换 1 次药液。在 10m^2~15m^2 的居室内使用药片型电热驱蚊器时，可以将一片驱蚊药片剪为三份使用。

4. 灭蚊喷雾

成分：丙炔菊酯、高提纯进口溶剂。

危害：含甲醛有害物质，极易诱发过敏性咳嗽及哮喘。长期过量吸入杀虫剂的气雾还会损伤人的肝脏、肾脏、神经系统、造血系统。

使用方法：建议在睡前 0.5h 使用灭蚊喷雾，并保持良好通风。

5. 防蚊贴、防蚊手带

成分：薰衣草精油、桉叶精油、香茅精油与高分子凝胶基质相结合。

危害：皮肤娇嫩的宝宝若长期佩戴，很容易引发皮疹等皮肤病。

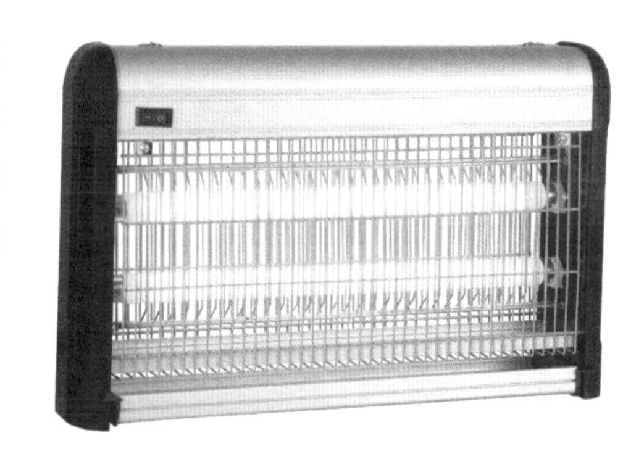

使用方法：将驱蚊贴贴在衣服的任何部位或近人体位置，即可形成直径4m~6m范围内的能持续12h~48h的防蚊保护圈，有效防蚊。

6. 灭蚊灯

成分：先通过光催化二氧化碳来吸引蚊子，再通过外围的高压电网瞬间将蚊虫杀死。

危害：电子灭蚊灯只要接通电源即可使用，不会挥发任何化学物质，因此对人体是安全的。但应注意，紫光辐射超级强，久照对身体不好。

使用方法：捕蚊灯最好摆放在高于膝盖的地方，且离地面不要超过180cm。

驱蚊灭蚊产品产生微毒在所难免，选购时一定要购买那些标识齐全的产品，首选用植物成分或低毒级的“拟除虫菊酯”类化学剂制成的产品。若家中有小孩和孕妇，则可以少用或者不用驱蚊产品，或采用物理方法如安装纱窗、挂蚊帐、使用电蚊拍等进行驱蚊。

（由能源资源与远程监测研究所彭静撰稿）

11 你知道家里的“偷电贼”吗?

在我们的日常生活中，每个月都要交电费，电费是如何算出来的呢?家里没有大功率的电器，为什么每个月的电费这么多呢?

电费是依据自己家的用电量计算得到的，而用电量是一个累积量。通俗地说，家用电器的功率越大，用的时间越长，用电量就越大，相应的电费就越多。1 度电 = 1kW · h（千瓦时）电，对发电来说，就是额定功率为 1kW 的发电机运行 1h 所发出的电能；对用电方来说，就是额定功率为 1kW 的电器运行 1h 所消耗的电能。

有些人会问，我家基本没有大功率的电器，为什么电费比我想象中的多好多呢?难道家里有“偷电贼”吗?非常正确，我们每家每户基本都有这个“偷电贼”。那究竟会是谁呢?很多人认为会是冰箱、空调、彩电等大件家电产品。都不是。家里最大的“偷电贼”是机顶盒!

这其中涉及一个概念：待机。家里的各种电器关掉开关，没有拔掉插座就是处于待机状态。家里很多电器在待机状态下仍然在耗电，许多电器一起待机，长年累月下来，耗电量惊人。所以电费总比我们想象中的多。

相关部门对 23 种电器逐一进行测试，发现被测家庭家电待机所产生的电费，基本是电费总额的三分之一。机顶盒正常工作的功率为 15.4W，而它的待机功率为 15.2W，与工作时的耗电量几乎一样，远高于空调（待机耗电 1.11W）、微波炉（待机耗电 0.32W）及电视机（待机耗电 0.21W）。所以，像“机顶盒”一样不起眼的小家电才是家里真正的“偷电贼”。

所以，我们在使用这些“电老虎”时应选择带有开关的插座，养成良好的生活习惯：长时间不使用电器时就将电源直接关掉。

家用电器省电小技巧：

（1）电冰箱使用过程中注意随手关门，并减少开门次数。

（2）洗衣机装 7~8 分满，浸泡 20min 再洗，效率最高。

（3）电饭锅煮饭先将生米浸泡后再烹煮，可缩短煮熟时间而节电。

（4）从冷冻库取出的食物，尽量让其自然解冻或放置冷藏室，少用微波炉。

（5）夏季空调设定温度调高几摄氏度，多用睡眠状态。

（由能源资源与远程监测研究所成龙撰稿）

12 商品包装袋上的“净含量”是什么意思?

细心的消费者会注意到，每件定量包装商品的外包装上都会清晰地标有商品的“净含量”字样。商品包装袋上凡是标有“净含量”的商品都属于定量包装商品的范畴。

我国对定量包装商品的监督管理工作是由国家质检总局负责，为了保护消费者和生产者、销售者的合法权益，规范定量包装商品的计量监督管理，2006 年 1 月 1 日国家质检总局颁布实施了《定量包装商品计量监督管理办法》。

1. 净含量的含义

《定量包装商品计量监督管理办法》将定量包装商品净含量明确定义为：“净含量是指除去包装容器和其他包装材料后内装商品的量。”对净含量正确理解的关键是如何确定什么是去除的“包装容器和其他包装材料”。“包装容器”比较容易理解，就是指用于包装商品的容器，具体可能是塑料袋、塑料瓶或纸盒等各种形式的外包装物。例如：用塑料桶盛装的定量包装食用油，食用油是消费者实际需要购买的商品，塑料桶是包装食用油的容器，食用油的重量或者体积就是定量包装食用油的净含量。“其他包装材料”在包装商品中是作为商品的一种辅助物存在的，可以起到保护、保存、处理、促销商品的作用。例如：托盘、隔板可以起到保护商品不变形、包装美观的作用；方便面和方便食品的包装袋中，为了消费者食用方便，生产商会加入各种调料、塑料叉勺等物品；在某些儿童食品的包装盒中，为了吸引消费者，生产商会放入一些儿童玩具。从分类角度看，这些辅助物不属于商品本身，并且可能影响消费者的购买行为，但是最终能够体现方便面类商品内容物含量的是面饼的净含量，其他辅助物都不能计入净含量。为了体现调味品在商品中的价值比例，有些生产企业将调味品的净含量也同时标注，让消费者明明白白消费，减少了监管部门、消费者对产品的误读。

2. 为什么要在定量包装商品包装上标注净含量

定量包装商品是生产企业在包装前，预先确定商品的量值，然后成批生产出来的，当然也是消费者不在场的情况下包装生产的。因此，为了规范定量包装商品净含量的标注行为，国家质检总局在《定量包装商品计量监督管理办法》第5条中规定:“定量包装商品的生产者、销售者应当在其商品包装的显著位置正确、清晰地标注定量包装商品的净含量。”

净含量的标注实际上是定量包装商品生产者对商品净含量的一项承诺和保证，证明或保证商品的净含量符合所标注的净含量的量值。一方面，生产者和销售者应当按照法规的规定，生产符合其担保的标注净含量商品；另一方面，向消费者明示商品的净含量是多少，便于消费者比较和选择。国家法规作出这样的规定，既约束了生产者和销售者的经营行为，起到规范市场以及教育生产者和销售者遵法、守法的作用，同时在消费者买到不符合标注净含量的商品时，可以依法行使要求予以更换、退货或者赔偿损失的权利，以此建立起一种强大的社会监督制约机制，防止市场欺诈和不公平的定量包装商品交易，维护正常的市场经济秩序。

（由热工流量与过程控制研究所马骁勇撰稿）

13 家用自来水中的压力是如何形成的?

人们俗称的自来水压力，其物理量实际为液体的压强。可以用下式表示：

$$P = \rho g h$$

式中：

P——液体压强，单位为帕斯卡（Pa）；

ρ——液体密度，单位为千克每立方米（kg/m^3）；

g——常数，9.8m/s^2，单位为米每二次方秒（m/s^2）；

h——高（深）度，单位为米（m）。

城市的自来水来自自来水厂，而自来水厂的高程（高标或高度）一般相对于城市楼房的高度是比较高的，正是因为有了高度差（如果水源高程比城市楼房低的话，水厂会用水泵对管道进行加压，这种情况很少，因为非常消耗电力），管道里面就有了压力，那么水就可以到达使用的地方。家庭使用的自来水压力大概为0.1MPa~0.5MPa。

用水龙头放水的时候，由于用水量很少，而水厂在不断地供水，所以管道的压力不会下降很多。只有当用水量大于供水量时，管道的压力会下降很多，这时可能会有部分城区的供水跟不上，这是因为管网压力下降太多，不能使水到达较高的楼层，所以现在设计的楼房一般有水箱，使得管道压力不足时还能继续供水。通过水泵直接将水压上高层，或将水输上水塔，由于水塔高于楼，利用U型液体压力计原理，使得水从每家的水管流出。

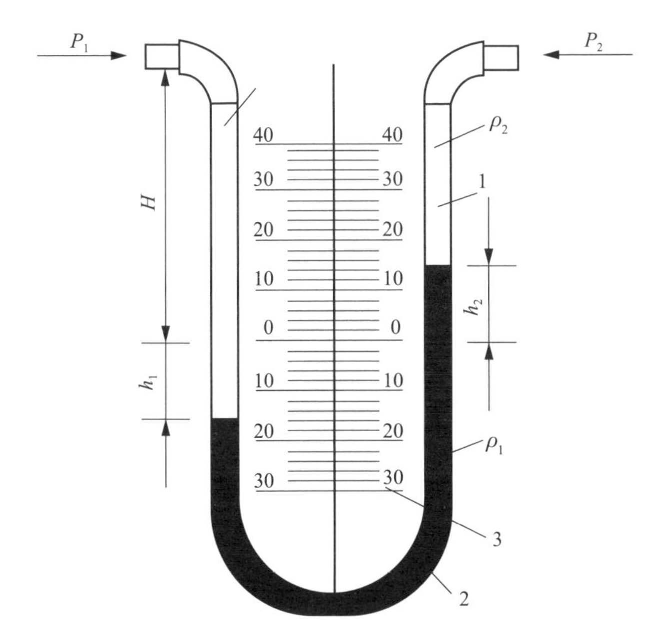

说明：1——U 型玻璃管；2——工作液；3——刻度尺；H——使用用户与参考端液柱差；P_1——家庭用户；P_2——高层楼水箱；h_1——空气与参考端液柱差；h_2——水面与参考端液柱差；ρ_1——水的密度；ρ_2——空气的密度。

U 型液体压力计原理图

U 型液体压力计的工作原理（如上图所示）：

当 $P_1 = P_2$ 时，两管中自由液面同处于标尺中央零刻度。

当 $P_2>P_1$ 时，右边管中液面下降，左边管中液面上升，一直到液面的高度差 H 产生的压力与被测差压平衡为止。

（由热工流量与过程控制研究所胡海涛撰稿）

14 下雨天人为什么会感觉闷?

大气对浸在它里面的物体产生的压强叫大气压强，简称大气压或气压。1654 年，格里克在德国马德堡做了著名的马德堡半球实验，有力地证明了大气压强的存在，这让人们对大气压有了深刻的认识。地球周围包着一层厚厚的空气，它主要是由氮气、氧气、二氧化碳、水蒸气和氦、氖、氩等气体混合组成的，通常把这层空气整体称为大气层。它上疏下密地分布在地球的周围，总厚度达 1000km，所有浸在大气里的物体都要受到大气作用于它的压强，就像浸在水中的物体都要受到水的压强。

大气压产生的原因可以从不同的角度来解释。中学课本中主要提到的是：空气受重力的作用，空气又有流动性，因此向各个方向都有压强。讲得细致一些，由于地球对空气的吸引作用，空气压在地面上，就要靠地面或地面上的其他物体来支持它，这些支持着大气的物体和地面，就要受到大气压力的作用，单位面积上受到的大气压力，就是大气压强；另外也可以用分子运动的观点解释，因为气体是由大量的做无规则运动的分子组成，而这些分子必然要与浸在空气中的物体不断地发生碰撞，每次碰撞，气体分子都要给予物体表面一个冲击力，大量空气分子持续碰撞的结果就体现为大气对物体表面的压力，从而形成大气压。若单位体积中含有的分子数越多，则相同时间内空气分子对物体表面单位面积上碰撞的次数越多，因而产生的压强也就越大。标准大气压强的值在一般计算中常取 1.013×10^5Pa（101kPa），在粗略计算中还可以取作 10^5Pa（100kPa）。

大气压在生活中的应用很常见，如：活塞式抽水机是利用活塞的移动来排出空气，造成内外气压差而使水在气压作用下上升抽出，当活塞压下时，进水阀门关闭而排气阀门打开；当活塞提上时，排气阀门关闭，进水阀门打开，在外界大气压的作用下，水从进水管通过进水阀门从上方的出水口流出，这样活塞在圆筒中上下往复运动，不断地把水抽出来。

人在下雨天会感觉胸闷，这主要是由于大气压变化的影响。当大气压发生变化时，空气中含较多水蒸气，空气平均分子质量减小，即空气密度减小，导致气压减小，人体内的腔窝扩大，而人吸气主要是依靠外界大气压压入，表现出来就是人会感觉胸闷气短。另一方面，大气里的热空气增多，水蒸气充足，此时温度变化虽然不大，但由于大气中含的水蒸气多，已趋于饱和，致使地面上的水分不易蒸发，人身上出的汗也不容易挥发，所以就会感到十分闷热难受。

（由热工流量与过程控制研究所姚思旭撰稿）

15 鸡蛋为什么握不碎?

你试过用力握鸡蛋吗？你把鸡蛋放在手心里握一下就会发现，即使你使出浑身的力气，也很难把鸡蛋握碎。薄薄的鸡蛋壳为什么具有这么强的抗压能力呢?

在这里有个误区，并不是力足够大，就能对物体产生破坏，而是需要看物体受到的压强。

从物理学的角度来讲，压力和压强是两种不同的概念，“压力”的概念是垂直作用在物体上的力。压力与拉力相对，是一个作用力的概念。“压强”的概念是单位面积上所受到的压力。但是我们习惯把这两种概念混淆。现在物理学界叫“压强”，工程学界叫“压力”，这些都是习惯用语。

压力的定义：垂直作用于单位面积上，而且均匀分布在此面积上的力。数学表达式为：

$$P = \frac{F}{S}$$

式中：

P——作用压力，单位为帕斯卡（Pa）；

F——作用力，单位为牛顿（N）；

S——作用面积，单位为平方米（m^2）。

从上式可知，压力P的大小与作用力F成正比，与受力面积S成反比，也就是说压力大小的变化不仅与作用力F的大小有关，而且与受力面积S的大小有关。因此在作用力是一定的时候我们还应该考虑受力面积带来的影响。用手掌握住鸡蛋发力，使得受力面积几乎等于整个手掌面积，这样增大了鸡蛋的受力面积，使得鸡蛋受到的压力相对减小。

其次，鸡蛋壳虽然很薄，但是它拥有很特殊的蛋形曲线结构，这种结构在建筑上叫薄壳结构。这种结构使外力均匀地分布在蛋壳上，当鸡蛋均匀受力时，可以承受 330N 左右的力。

虽然鸡蛋有优秀的抗压结构，但也并非坚不可摧。只要稍稍改变用力方式就可以轻易地破坏其外表。如果用手指捏蛋的两侧面，还是可以很容易地将蛋捏碎的。这是因为改变了受力面积，将整个手掌的受力面积缩小到手指尖大小，增加了压力值。

（由热工流量与过程控制研究所胡海涛撰稿）

16 IC 卡水表是怎么回事?

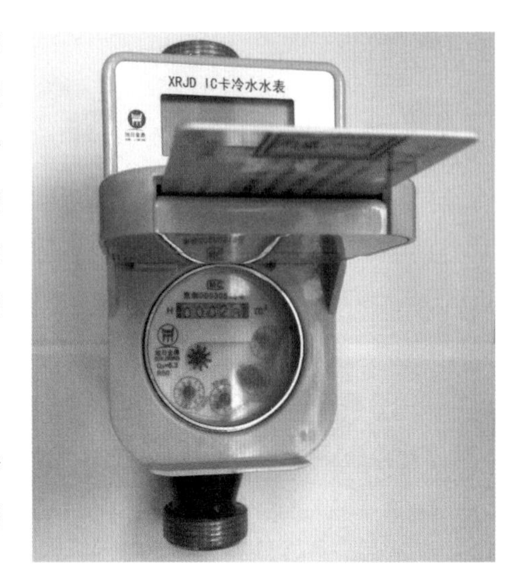

IC 卡水表是一种以 IC 卡为数据交换载体的预付费水表，可以对用水量进行计量并进行用水数据传递及结算交易等。这种智能水表的应用将我国供水行业的计费管理模式从传统的“先用水，后缴费”转变为“先缴费，后用水”，可从根本上解决传统水费收缴过程中存在的诸多问题。

IC 卡水表安装在千家万户，与人民生活密切相关，其对安全性、抗干扰性和可靠性都有很高的要求，其产品质量的优劣涉及人身和设备的安全，关系到供水双方的用水结算是否公正合理，已被列入国家强制检定的工作计量器具范围。

1. 基本结构原理

IC 卡水表由基表（发讯远传水表）、微控制器（单片机）、计量模块、电源（一般为电池）、IC 卡读写器、通讯接口、LED/LCD 显示微块、微机控制模块、阀门控制机构组成。

IC 卡水表的工作过程是当用户将存储有购置水量信息的 IC 卡插入水表中的 IC 卡读写器时，经单片机识别和下载购置水量信息后，阀门开启，用户可以正常用水；当用户用水时，水量采集装置开始对用水量进行采集，并转换成所需的电子信号供给单片机进行计算，并在 LCD 显示屏上显示出来；当 IC 卡水表中存储的剩余用水量下降到一定数值时，水表的报警装置会自动进行相应报警或警告性关阀，提示用户应该交费购水；当 IC 卡水表中存储的剩余用水量下降为零或超过了规定的透支额度（有些产品为了方便用户，允许少量透支用水）时，IC 卡水表会自动将电控阀门关闭，切断供水，直至用户再次插入存储有购置水量信息的 IC 卡，水表将重新开启阀门进行供水。

2. 主要功能

IC 卡水表具有计量、预付费、报警提示、阶梯收费、异常检测等功能，具体归纳如下：

（1）计量功能：取水计量是强化水资源管理，实施取水许可制度，实现水资源宏观调控、优化配置的重要措施。准确的取水计量数据对保护宝贵的水资源、节约用水、提高经济效益、保障水资源可持续利用具有重要意义。目前，城市供水计量用水到户是国家实施节水管理的强制性政策和收费依据，农村供水计量也是我国未来的发展方向，是实行最严格水资源管理制度、提高管理水平的重要手段。随着水资源的紧张，将会逐步实行超计划水价甚至阶梯式水价等较为复杂的用水管理模式。这些将对供用水交易提出较高的技术要求。采用普通水表和人工抄表的模式，是难以解决这些技术问题的，而采用智能 IC 卡水表就能迎刃而解了。同时，IC 卡水表依托强大的系统管理平台，实现了管理系统与用户所有水表之间实现数据的顺利传输和对用户用水情况的在线水量平衡测试，有效防止了水量的漏失，解决了计量扯皮、贪污水费、用水纠纷、人情用水、用水统计困难等问题。

（2）一卡一表：新发行的用户卡插入新表中，表将自动识别并保存卡中的唯一代码，下次插卡时将自动识别该代码，该表与该卡自动匹配，即一个水表只能使用一个用户专用卡，插入其他卡无效，防止非法卡使用，从而增强了水表的安全性。

（3）预付费功能：IC 卡水表是在原计量水表的基础上，通过加装电控阀及电器控制部分，实现了预付费管理功能即预收水费，水量用尽关阀断水。这种模式合理有效地解决了水费拖欠问题。

此外，IC 卡水表还具有报警功能、囤积限额功能、赊欠功能、查抄功能、阶梯收费功能、异常检测功能、阀门维护功能等。

3. 存在的争议

预付费类的水表对供水公司来说，管理、收费方便，支持了“一户一表”政策的实施，但在观念、技术和管理等方面存在一些争议，主要有：

（1）发达国家有“先服务后付费”和“用水是基本人权”的观念，因而在住宅中很少使用预付费水表。

（2）国内许多地方现有的水质和管道材质对预付费类水表的正常使用有较大的影响，尤其是影响控制阀的正常使用。

（3）使用预付费水表对非正常用水情况的监管和服务提出了新的问题和要求，如：较长一段时间内用户不用水，水量用尽而控制阀未能关闭导致应收水费流失等。

（4）由于以预付费的方式代替了抄表结算，可能会使总表记录的供水量与用户分表总量难以核对，影响制水成本的核计、管道水的漏失率的计算判断、制水生产调度的安排和对季节性用水量的正确估计。

4. 发展前景

虽然 IC 卡水表在技术方面存在一些问题，其发展和应用的过程中遇到了一些阻力，但其发展方向及其在解决水费拖欠问题方面的优点却使得其市场需求不断增大。IC 卡水表的使用体现了有效控制用水、及时回收资金、高效管理的新理念，其应用将是供水行业计量表具变革的必然趋势。因此，只要 IC 卡水表的技术缺点及其引发的社会问题得以妥善解决，其发展前景必然是非常光明的。

现代仪表已日趋数字化、网络化和智能化。随着微电子技术、现代传感技术、智能 IC 卡技术的快速发展，加上国家相关政策的推动，民用计量仪表的智能化将是一个必然的发展方向。近十年来，单体式智能 IC 卡类仪表是发展主流，随着科学技术的不断发展和人们认识水平的提高，网络式智能仪表系统应当是更好的一种计量管理模式，并且是最终发展方向。建立 IC 卡一卡通预付费综合管理系统，在一张 IC 卡上实现水费、电费、气费、网费、电视费、公交费等的一卡通缴费功能，实现居民日常生活消费品的一卡通管理将是大势所趋，这也将极大地提高社会服务行业的管理水平和居民的生活水平，使人们真正步入现代化的生活模式。

（由热工流量与过程控制研究所李晨、李晶晶撰稿）

17 LED 灯有哪些特点?

提到 LED 灯，大家应该并不陌生，在我们日常生活中经常会听到或者接触到 LED，但作为新兴的照明光源，LED 灯到底有什么特点，应用在哪儿，我们该如何选购合适的 LED 灯呢?

LED 是 Light Emitting Diode（发光二极管）的缩写，其结构是一块半导体发光二极管放置于一个有引线的架子上，四周用环氧树脂密封起来。发光二极管的核心就是 P 型半导体材料和 N 型半导体材料形成的 PN 结，当 PN 结两端加正向电压通电流时，空穴和电子的复合会以光子的形式发出能量，从而将电能直接转化为光能，这就是 LED 的发光原理。LED 灯是新一代照明光源，其发光原理决定了它的特点，既有独特优势，也有不足之处。

1. LED 灯的优点

（1）高效节能。 这是由发光原理决定的，普通照明灯都是将电能转换为热能之后再激发成光能，大量热能白白浪费，而 LED 灯则是将电能直接转换成光能，从而节省了大部分能源。1000h 仅耗几度电，仅为白炽灯的 1/10，节能灯的 1/4。

（2）绿色环保。普通节能灯的发光原理导致其一般都含有汞，汞一旦进入人体就很难被排出。若在回收报废时处理不当造成破裂会导致汞扩散到空气中，污染环境，危害健康。LED 灯由无毒材料做成，更容易被回收再利用。

（3）使用寿命长。LED 是被封装在环氧树脂里面，坚固耐用，不怕震动，不易破碎，而且是半导体芯片发光，不存在灯丝易烧、光衰减等问题，使用寿命可达 6 万小时 ~10 万小时。

（4）安全健康。LED 灯的电源电压一般为 2V~4V，超低的电源电压让我们使用起来更安全。而且 LED 灯采用直流驱动，几乎无频闪，更有利于对视力的保护。

（5）色彩鲜明多变。LED 光源可利用红、绿、蓝三基色原理，通过系统控制，形成不同光色的组合，呈现出五彩缤纷的视觉效果。还记得北京奥运会开幕式那绚丽多彩的画面吗？就是因为运用了 LED 技术，才造就了那场美轮美奂的视听盛宴。

2. LED 灯的不足之处

（1）散热问题。LED 灯的结构会导致散热难以保证，而散热不好会影响其灯芯的使用寿命。因此散热问题需要引起足够重视。

（2）成本高。价格上，普通节能灯大概在 1 元 /W 的水平，而 LED 灯基本在 5 元 /W~10 元 /W 的水平；再有 LED 灯具损坏往往是灯芯没坏，修理的话却只能更换整个灯。

（3）视觉感受差。LED 为单色超亮光源，比较刺眼，不可直视，而普通节能灯相对要柔和些。

基于 LED 自身的特点，它被广泛应用于各种室内和景观照明中，尤其用于景观装饰、指示性照明、室内展示照明、舞台灯光、大屏幕显示等用途时优势显著。

3. 如何选购合适的 LED 灯

作为消费者，如何选购合适的 LED 灯呢？可以从以下几方面来考虑：

➢ 检查外观。保证整个灯具完整、没有损坏痕迹，商标清晰且有生产厂家及相关的认证标志。

- 检查工作情况。包括是否有闪动，声音是否大等。
- 根据自身需要去选择。从色温角度，如果用于卧室，建议选择暖色调的 LED 灯，这种色调的灯光跟肤色相近，感觉比较舒适。而如果是用于工作，比如厨房，建议选择明亮的冷色调的 LED 灯。从光效角度，基本可按 $1W/m^2$ 来选择 LED 灯具，但也要结合自身视觉舒适度来选择。

（由电磁信息与卫星导航研究所崔磊撰稿）

18 “芯”中有鬼之如何挑选充电宝?

随着科学技术的发展，高性能手机等各类电子产品的推出，使得充电宝也成了人们居家旅行之必备品。但是在这个鱼龙混杂的充电宝行业里，充电宝品牌众多，价格从几十块到几百块不等，网上也流传着一些充电宝在使用过程中发生燃烧或爆炸的事件。充电宝究竟隐藏着多少“猫腻”和不可告人的秘密呢?出于安全性或者性价比考虑，应该如何选购充电宝?下面我们就来告诉你。

1. 充电宝的结构

想知道如何挑选好的充电宝之前，我们必须先认识一下充电宝的结构。一个充电宝最基本的组成部分是：外壳 + 电路板 + 电芯。

（1）外壳：我们先来看一下外壳的作用，可能很多用户都觉得外壳无非就是装电芯和电路板的盒子，并且对它们起到保护作用。不过外壳真正的功能并不只有这么一点，它的防护功能是双向的——对外防止外力对内部元件造成损害，对内可以固定电芯和电路板；当内部发生高温、燃烧等危险时还可以阻燃、耐高温。所以说，外壳的材质很重要，千万别只注重样式，我们建议选择散热好和坚固耐用的金属外壳。

（2）电路板：可以实现升降压转换、稳压、稳流、防过充、防短路等一系列功能，它直接影响着充电宝的实际充放电性能，如果电路板的质量过差或者未配备充放电防护装置，使用过程中很有可能会损坏被充电设备

（右图为带温控装置的电路板）。

（3）电芯（电池）：电芯的容量大小决定着充电宝能给数码设备提供多少电量，它一直都是消费者关注度比较高的部件，在网上报道的充电宝负面新闻中，很多都是电芯爆炸事件，所以电芯质量好坏直接关系着用户的人身安全。现在市面上的充电宝绝大多数使用的都是 18 650 电芯，其单芯容量从 1200mAh 到 3300mAh 不等。这种电芯成本相对较低，容量相对较大，通过串 / 并联能组成各种容量的充电宝，也就是说容量越大的充电宝体积越大，重量也就越大。现在市面上有一种劣质的充电宝，它一是采用劣质电芯，二是采用了“配重”的方式来欺骗消费者（如下图）。

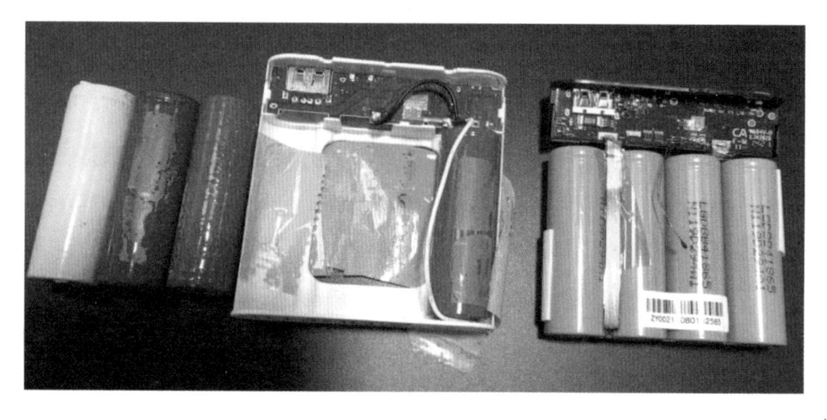

劣质充电宝（左）与正规充电宝（右）对比图

通过上图不难看出，劣质充电宝内采用了简单的电路并且只有一节“三无”的 18 650 电芯与电路相连，这就是为什么我们拿用电设备试充的时候，可以显示充电，但是却不能满足我们正常使用的原因。而且粗糙、简单的电路不包含任何保护模块设计，加上劣质的塑料外壳，给我们的人身安全带来了隐患。相比之下，正规的充电宝内每一个电芯都有生产厂家、编号、批号，而且“丰富”的电路板上包含了各种保护电路和温控探头。

2. 如何选购充电宝

对充电宝的结构有了简单的了解之后，在挑选充电宝时我们应采取如下措施：

看一看：观察充电宝外观做工是否精良，有无磕碰挤压的痕迹，印刷字迹是否清晰可辨，有无正规厂家名称、容量、编号、生产日期等相关信息。

摇一摇：摇动充电宝，看看内部结构是否松动，如有松动则可能会造成焊点脱落或者短路等危险。

掂一掂：容量越大的充电宝所用电芯也就越多，所以如果充电宝标称容量很大但自身重量很轻，则很可能是“虚标”的劣质充电宝。

通过上述方法我们只能简单地对充电宝作出初步的判断，因为购买时商家不可能让拆开挑选，所以建议选择正规的商家和正规的渠道来挑选称心如意的充电宝。

（由电磁信息与卫星导航研究所刘毅、谷扬撰稿）

19 如何选购节能灯？

节能灯，又称为电子灯泡、省电灯泡、一体式荧光灯等，是将荧光灯与镇流器组合成一个整体的照明设备。

节能灯的工作原理主要是通过镇流器给灯管灯丝加热，灯丝通过发射电子与氩原子弹性碰撞，获得能量后又撞击汞原子跃迁产生电离，电离发出紫外线激发荧光粉来发光。荧光灯工作时灯丝的温度比白炽灯工作的温度低，所以它的寿命也大大提高到 8000h 以上，又由于它不存在白炽灯的电流热效应，能达到每瓦 60lm 的光效。节能灯的尺寸与白炽灯也相近，接口也相同，所以可以直接替代白炽灯。这种光源在达到同样光能输出的情况下，只耗费普通白炽灯用电量的 1/5~1/4，从而可以节约大量的照明电能和费用。普通灯泡与节能灯电费的计算式如下：

（1）普通灯泡电费：

10 只灯 × 40W / 只 × 5h / 天 × 30 天 = 60 000W × 1h = 60kW · h

每月电费 = 60kW · h × 0.5 元 /（kW · h）= 30 元

（2）节能灯电费：

10 只灯 × 8W/ 只 × 5h/ 天 × 30 天 = 12 000W × 1h = 12kW · h

每月电费 = 12kW · h × 0.5 元 /（kW · h）= 6 元

即这个家庭使用节能灯后每月可以节省电费：30 元 − 6 元 = 24 元，一年就可以节省电费 288 元。

1. 节能灯的优点

- 结构紧凑，体积小。
- 发光效率高能达到 60lm/W、省电 80% 以上，节省能源。
- 可直接取代白炽灯泡。

- 寿命较长，是白炽灯的 6 倍 ~10 倍。
- 灯管内壁涂有保护膜且采用三重螺旋灯丝，可以大大延长使用寿命。
- 能减少热力释放，节省电力。

2. 如何选购节能灯

节能灯选购时首先要选知名品牌，产品性能指标和产品安全指标都能达到国家标准规定的要求，节能的同时更让人放心。其次，光衰是衡量节能灯品质优劣的重要标准。节能灯在使用一段时间后，灯光会越来越暗，这主要是因为荧光粉的损耗，技术上称之为光衰。

选购时主要从以下几方面来考虑：便利原则；节能原则；安全原则；功能原则；装饰原则。

（1）看有没有国家级的检验报告。

（2）看产品的外包装，包括产品的商标、标称功率、标记的内容，用软湿布擦拭，标志清晰可辨即为合格。

（3）使用寿命。合格的节能灯在实验状态下使用寿命可达 500h 以上，在正常使用时必须达到 200h 以上，如达不到此标准，即为劣质品。

（4）安全要求。在安装、拆卸过程中，看灯头是否松动，有无歪头现象，是否绝缘。

除此之外，看节能灯的外管材料是否耐热、防火，灯中的荧光粉是否均匀。如未使用就出现灯管两端发黑现象，均为不合格产品；最后就是价格对比，一般说来，由于节能灯制造、生产过程中的特殊原因，成本相对来说较高。如果是七八块钱的节能灯，很可能是一些小厂生产的劣质品，一般国产的节能灯价格均在四五十元以上，进口的就更高了。

（由电磁信息与卫星导航研究所宋楠撰稿）

20 手机拍照的清晰度谁说了算？

随着智能手机的普及和不断升级，用户对于手机拍照画质的要求也就越来越高，好的手机照片离不开出色的手机摄像头配置，而目前市面上手机摄像头的规格众多，参数各不相同，怎么去看这些名词和参数来挑选好的拍照手机呢？今天我们就来聊聊，哪些因素会影响手机成像。

1. 传感器的类型

传感器作为手机摄像头最重要的组成部分，往往会成为决定手机最终成像质量的关键所在。相机传感器分为 CCD 和 CMOS 两大类。整体来说，CCD 的成像质量较好，当然价格也比较贵；CMOS 器件产生的图像质量相比 CCD 来说稍低一些，但其最大特点是非常省电，所以在同时考虑价格的情况下，目前主流的手机都使用的是 CMOS 的传感器。

2. 像素

目前人们最容易犯的错误就是唯像素论，机械地认为像素越高就越好。像素就相当于拍出的一张照片由许多个最小单位构成了一幅完整照片，可以与屏幕的分辨率作类比，图片越清晰就需要的单位像素点越多。现在说感光芯片的像素，简单地说也就是感光芯片上的小格子，这跟屏幕发光点很像。一个小格子就是一个像素点，当感光芯片本身面积不变，假若它上面有 800 万像素时，每一个小格子会分得较大的面积，也就是单位像素面积越大，那么每个像素因为面积大接收到的光就越多，这样可供转换的信号越强，照片质量就越好!

3. 镜头参数

镜头类似于人眼，是决定拍照质量的关键性因素。镜头的主要规格包括焦距和光圈。焦距受制于体积，一般手机摄像头只能实现数码变焦，效果较差。而光圈就好像人眼的瞳孔结构，控制进光量的多少，光圈越大，同一时间内的进光量就越多，在夜拍或暗光的情况下成像优势就更为明显。不过光圈也不是越大越好，因为过大的光圈会影响到成像画面的锐度和边缘的画质，但总体来讲还是利大于弊的。

4. 图像处理器引擎

图像处理器因为没有具体的衡量标准，常常被大家所忽视。但它不只关系到图像细节与控噪能力，同时还直接影响测光 / 白平衡的准确程度以及拍照时的响应速度。

对于一款手机来说，决定其画质的因素是错综复杂的。这不是简单的数学运算，可以通过硬件规格和技术指标推导出最终结果。拍前看光线、勤设置、多走动，拍时摆美姿、巧构图、善于利用背景及工具，拍后稍停留、防模糊，同时可以对喜欢的图片进行必要的后期调整，这会在更大程度上提高自己对照片的满意度。

（由能源资源与远程监测研究所张易农撰稿）

21 海拔高的地方为什么水不沸腾?

水沸腾时的温度叫做水的沸点，人们平常说“水的沸点是 100℃”，是指在一个大气压（标准大气压）下水沸腾时的温度。水的沸点不是一成不变的，而是随着大气压强的变化而变化的：气压增大了，沸点就升高了。因为水面上的大气压力总是要阻止水分子蒸发出来，所以气压升高的时候，水要转化成水蒸气必须有更高的温度。一般在海拔不高的地面上，大气压强基本上是一个大气压。低于海平面的地方（如很深的矿井），大气压强就高于一个大气压，在那里烧水，水的沸点就要升高。据测量，深度每增加 1000m，水的沸点就提高 3℃。相反，气压减小，沸点也就降低了。如海拔越高的地方，空气越稀薄，气压也越低，在这种地方水的沸点就降低了。在世界之巅——珠穆朗玛峰上烧水，只要烧到 80℃左右，水就被烧“开”了，这样的“开水”，不能把饭菜煮熟，也不能杀死某些细菌。因此，地质工作者和登山队员在高山上工作时，都要使用高压炊具——高压锅，它是利用高压下沸点升高的原理制成的，密封的锅盖使锅内的蒸汽无法溢出，致使气压增大，沸点提高，饭菜就熟得快了。家用高压锅在正常使用的情况下，锅内气压是 1.3 个大气压，温度一般在 125℃左右。当锅内的气压过高时，锅上的安全阀就自动打开，放掉一部分蒸汽，使气压降低。所以说，海拔高的地方并不是水不沸腾，而是水沸腾的温度降低了而已，没有达到 100℃水就被烧开了。

（由热工流量与过程控制研究所张玉律撰稿）

环保节能

22 空气净化器是如何净化空气的?

1. 什么是空气净化器

空气净化器又称空气清新机。国家标准 GB/T 18801—2015《空气净化器》中将空气净化器定义为对空气中的颗粒物、气态污染物、微生物等一种或多种污染物具有一定去除能力的家用和类似用途电器。空气净化器可以吸附、分解或转化空气中的污染物。日常生活中的污染物包括：PM10、PM2.5 等颗粒或溶胶；气态有机、无机化学污染物，典型的有甲醛、甲苯、二甲苯、二氧化硫、氨、臭氧以及挥发性气态污染物（TVOC）等；及其微生物，如细菌等过敏原等。

针对以上不同的污染物，空气净化器主要功能可以分为主要去除颗粒物、去除甲醛、去除细菌、去除某些特定气态污染物等。颗粒物的净化技术，主要有各种级别颗粒物滤网和静电吸附两种，其中高级别的滤网通常称作 HEPA。气态污染物的净化，主要是通过活性炭吸附、化合物反应、静电高压分解或化学催化的方式来实现。微生物的去除，一般通过滤网拦截或静电杀灭。

2. 空气净化器的能力指标

对净化器净化能力的评价，表现为“提供洁净空气的能力”，即单位时间提供“洁净空气”的多少。这个指标实际上就是“洁净空气量”，简称 CADR。CADR 值越大，说明空气净化器的净化能力越强，即可在相对短的时间内使作用的空间迅速净化，换句话说，就是可在相对短的时间内提供大量的“洁净空气”。

3. 净化空气的方式

空气净化器实现对污染物净化的具体方式如下：

（1）机械过滤

一般主要通过 4 种方式捕获微粒：直接拦截、惯性碰撞、布朗扩散机理、筛选效应，这些方式对细小颗粒物收集效果好但风阻大，为了获得高的净化效率，滤网的阻力较大，而且滤网需要致密，导致寿命降低，需定期更换。

（2）高压静电集尘

是一种既能确保风量又能吸附微细颗粒的方式。利用高压静电场使气体电离从而使尘粒带电吸附到电极上的收尘方法，其风阻虽小但对较大颗粒和纤维捕集效果差，会引起放电，且清洗麻烦费时，易产生臭氧，形成二次污染。

（3）静电驻极式滤网

机械式过滤仅可有效地去除 10μm 以上的颗粒物，而当颗粒物的粒径降至 5μm、2μm 甚至亚微米的范围时，高效的机械式过滤系统就会变得比较昂贵，且风阻会显著增加。通过静电驻极空气过滤材料过滤，能以较低的能源消耗达到很高的捕获效率，同时兼具静电除尘低风阻的优点，但无需外接上万伏的电压，故不会产生臭氧。

（4）静电除尘

能过滤比细胞还小的灰尘、烟雾和细菌，防止肺病、肺癌、肝癌等疾病。空气里对人体最有害的是粒径小于2.5μm的灰尘，因其能穿透细胞，进入血液。普通净化器采用滤纸来过滤空气中的灰尘，极易堵塞滤孔，不仅没有灭菌效果，而且容易造成二次污染。

（5）静电灭菌

采用6000V左右的高压静电场，能瞬间完全杀灭寄附在灰尘上的细菌、病毒，防止感冒、传染病等疾病。其灭菌机理是破坏细菌衣壳蛋白的4条多肽链，并使RNA（核糖核酸）受损。

（由化学分析与医药环境研究所赵晓宁撰稿）

23 主要看“气质”？

前段时间，朋友圈被“主要看气质”这一标题刷屏，大家纷纷配上自己的照片，然后写上标题：主要看气质。不由得纳闷，气质虽然在专业的分析化学领域中很常见，但它离老百姓的日常生活很远，如此频繁地出现在朋友圈中，还是让我大吃一惊，仔细一看，原来此气质，非彼气质。好，那么就让我给大家科普一下什么是真正的气质。

气质是气相色谱－质谱联用仪的缩写，是指将气相色谱仪和质谱仪联合起来使用的一种化学分析仪器，是在石油、化工、生物化学、医药卫生、食品工业、环保、法医等领域应用很广的一种分析仪器。气质非常能干，比如说，某某地发现一具尸体，配合适当的前期处理手段，通过气质，法医就可以判断死者的血液中是否含有有毒物质及具体是哪种物质，帮助警察破案；家里装修污染，通过气质，我们就可以知道到底是哪种有害物质污染了家里的空气等。

在讲气质之前，我们要先了解什么是气相色谱仪，什么是质谱仪。

气相色谱仪是一种应用很广的分析仪器，它的普及率很高，基本上80% 以上的化学实验室都会配备气相色谱仪。气相色谱仪主要由进样器、色谱柱和检测器三部分组成。分析样品在进样器中被高温汽化后，进入色谱柱，在色谱柱中各组分气体因为性质不同而得到分离，分离后按先后顺序导入检测器，按照进入检测器的先后顺序，检测器给出各组分的检测信号。

我这么说大家可能听不懂，那我就简单地打个比方吧。就好像长跑比赛，一群人一起站在起跑线上，发令枪一响，大家一起跑，每个人的身体素质不同，跑的速度也不一样，跑啊跑啊，就分出先后了，于是大家陆续经过终点。第一名是小明，第二名是小红……气相色谱仪就是这样，混合样品同时进入气相色谱仪，然后每种样品因为性质不同，在仪器里停留的时间不同，最后陆续离开仪器，它离开的时候，会和仪器打个招呼，“Hi，我走了”，这个招呼就是检测器的检测信号。

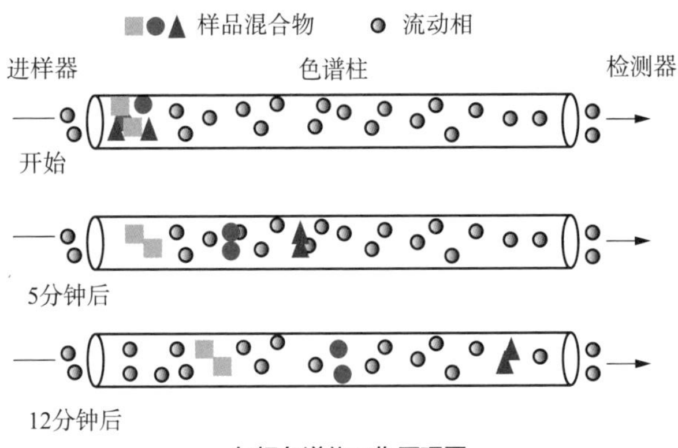

气相色谱仪工作原理图

说完了气相色谱仪，我们说说质谱仪。质谱仪是根据带电粒子在电磁场中能够偏转的原理，按物质原子、分子或分子碎片的质量差异检测物质组成的一类仪器。说简单一些，质谱仪就是一种可以鉴别物质结构的仪器。

在质谱仪诞生之前，我们都是通过物理或化学物质的性质来鉴别物质结构的，这有很多弊端，大千世界物质纷繁复杂，有很多物质具有相同或雷同的性质，所以在鉴别过程中有很大的局限性和很高的错误率。而质谱就不同了，它直接鉴别的是物质的结构，因为物质的结构是唯一的，所以质谱鉴别出来的结果正确性大幅度提高。

质谱法可以有效地进行定性分析，但对复杂有机化合物的分析就显得无能为力；而色谱法对有机化合物来说，是一种有效的分离分析方法，特别适合于定量分析，但定性分析则比较困难。因此，这两者的有效结合必将为化学家和生物化学家提供一个进行复杂有机化合物高效的定性、定量分析工具。像这种将两种或两种以上方法结合起来的技术称为联用技术。或者我们也可以简单地理解，把质谱仪当成气相色谱仪的检测器。

好，看完了上述内容，知道什么是真正的气质了吧。气质是科技含量很高的仪器，目前我国气质的使用率很高，但是主要依靠进口，所以价格昂贵，一台配置齐全的气质，差不多可以在北京四环以内买一个厨房，所以，振兴民族分析仪器工业任重而道远，我们需要做的事情还有很多。

（由化学分析与医药环境研究所栗冠媛撰稿）

24 谁是侦“碳”高手?

在漫画、小说和影视圈里福尔摩斯和柯南可是如雷贯耳、家喻户晓的名侦探。在化学计量圈里，谁才是真正的侦“碳”高手呢？它就是名副其实的侦“碳”专家——总有机碳分析仪。

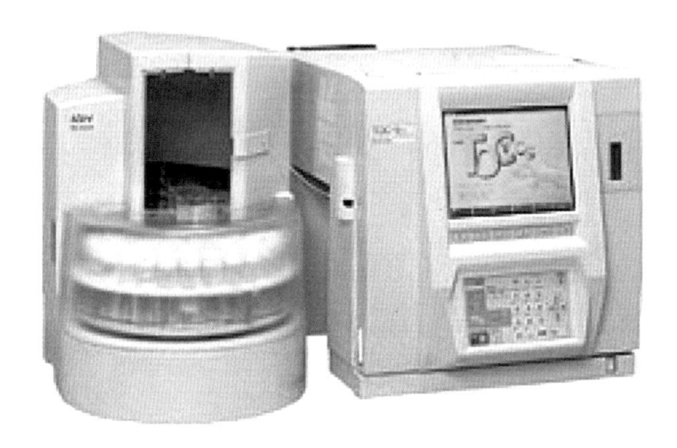

侦“碳”高手

用有机物中的主要元素——碳（C）的量来表示的水中有机物质的含量，被称为总有机碳，常以“TOC”表示。用来监测总有机碳的分析仪器被称为总有机碳分析仪。

1. 侦“碳”工作任重道远

不要小看总有机碳的监测工作，生活中还真缺不了它。如果单纯地认为有机物就是人见人爱的糖、淀粉和蛋白质，那就错了，有机物中也会有“犯罪分子”——有机污染物。如果有机污染物不经过处理被排放到水中，通过微生物的生化作用分解和氧化，会大量消耗水中的氧气，使水质变黑发臭，导致水中鱼类及其他水生生物窒息而死，严重影响水体的质量，对人类生活和生产造成危害。

被有机物严重污染的水体

随着科技的发展、环保意识的缺失，生活污水及食品加工、造纸等工业废水的污染曾一度在世界范围内猖狂，给人类带来巨大损失，为世人敲响了警钟。庆幸的是，人类已意识到环保的重要性，世界都在行动。我国在国家标准《污水综合排放标准》（GB 8978—1996）中规定了 TOC 的排放限值，见表 1。

表 1　GB 8978—1996 中 TOC 的限值标准

行业	一级 /（mg/L）	二级 /（mg/L）
合成脂肪酸工业	20	40
苎麻脱胶工业	20	60
其他排污单位	20	30

环保部门肩负着监测污水排放的重任。他们将在线总有机碳分析仪安装在需要监控的排水口，持续监测水体中的 TOC。仪器能自动采集水样、分析及处理数据，出现异常自动报警，非常适用于野外作业。测量范围也很宽，有些厂家宣传仪器最高能测量 50 000mg/L 的 TOC！是当之无愧的“全勤敬业劳模”、环保部门的“好帮手”。

在线总有机碳分析仪

对在线总有机碳分析仪来说，当水中含有较高浓度的碳时，它更得心应手，当水中碳浓度低到微量或超微量时，捉“碳”能力就显得有些力不从心，这时候就需要“火眼金睛”的实验室总有机碳分析仪出马了。在一些特殊场合，有些有机物中的“犯罪分子”虽然是微量级，但杀伤力极强，比如微生物和细菌内毒素这类有机物，它们常潜伏在制药配药所用的水中，无色无味，害人于无形之间。生病就是细菌、病毒感染所致，如果用来治病的药里不慎感染了细菌，岂不是雪上加霜？所以制药用水必须是经过层层过滤、蒸馏、灭菌后的水。确保了水中有机碳的含量足够低，就足以保证众多的微生物和细菌内毒素含量足够低。《美国药典》第

643 章及《欧洲药典》EP2.2.44 规定 TOC 检测限值为 0.050mg/L。实验室总有机碳分析仪检测能力一般都能达到纳克级，也就是说 1L 水中即使含有 0.001mg 的碳，对于实验室总有机碳分析仪来说也是小菜一碟，手到擒来。

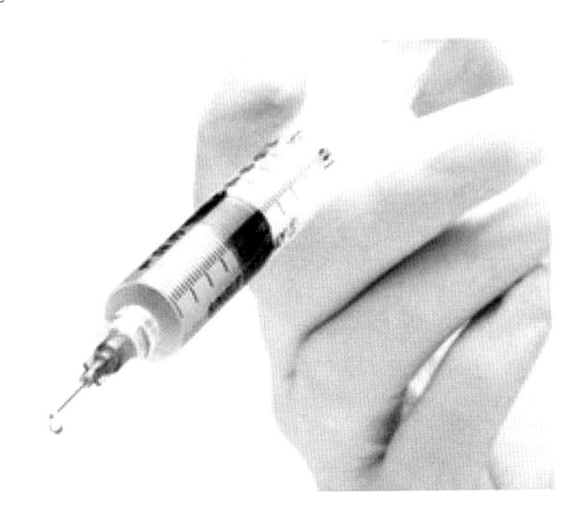

制药用水

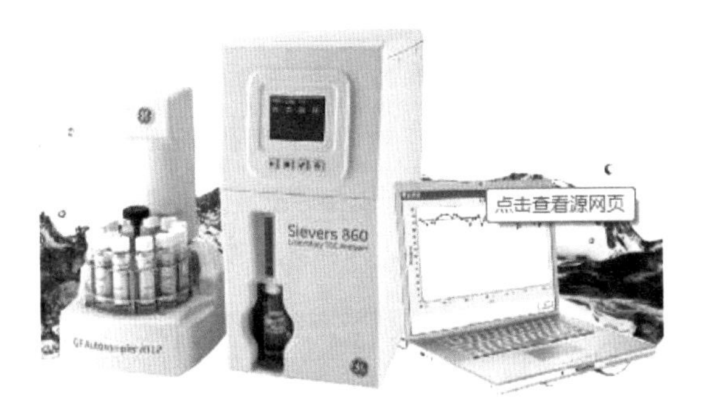

实验室总有机碳分析仪

2. 有趣的侦“碳”过程

“火眼金睛”的总有机碳分析仪是如何炼就一身侦“碳”神功的呢?首先将水样注入燃烧炉里燃烧，再加点“铂金”催化。水样中有机物全部氧化为二氧化碳（CO_2），通过非色散红外检测器测定 CO_2 的含量，然后利用 CO_2 与 TOC 之间碳含量的对应关系，间接测定水中的总有机碳含量。

针对不同的使用环境和样品，有些总有机碳分析仪设计时不需要高温燃烧，而是用紫外灯氧化。还有些总有机碳分析仪不用非色散红外检测器，而用电导检测器。总之，条条大道通罗马，能精准捉到“碳”的就是好侦“碳”。

3.“标准”护航精准侦“碳”

为保证总有机碳分析仪的精准测量，需要使用标准物质标定。一般水中有机碳的基准是邻苯二甲酸氢钾，水中无机碳的基准是无水碳酸钠。可以通过相关的手册，按照标准方法配制需要的浓度；或者是直接购买有证标准物质进行标定，有证标准物质会定值，并附有不确定度。GBW 和 GBW（E）分别是国家一级标准物质、二级标准物质的简称。

总有机碳分析仪是列入《中华人民共和国依法管理的计量器具目录（型式批准部分）》的仪器，所以凡是准备在国内销售的新生产出来的总有机碳分析仪，无论进口或国产，都需要经过有资质的技术机构，依据 JJF 1405—2013《总有机碳分析仪型式评价大纲》进行型式评价，受理申请的政府计量行政部门对型式评价报告进行审查合格后，颁发《型式批准证书》，也就是 CPA 证。只有取得 CPA 证的总有机碳分析仪才允许销售，国内生产厂家还需要获得制造与生产计量器具的许可证，也就是

CMC 证。所以当购买国产总有机碳分析仪时，一定要看看仪器铭牌上有没有 CMC 标识。

总有机碳分析仪分析的水样通常很复杂，含各种盐、难溶杂质，非常容易损坏仪器附件，导致测量的结果不准确。当仪器使用一段时间后，出现数据的偏离时，需要请生产厂家维护和校准。用于环境监测领域的总有机碳分析仪，属于水质监测仪，仪器依法需要定期送到有相关资质的计量部门进行强制检定，检定依据的是 JJG 821—2005《总有机碳分析仪》。

总有机碳分析仪肩负着监测“犯罪分子有机碳”的神圣使命，只有依法、科学地使用它，发挥它高强的侦“碳”潜力，才能更好地服务于人类。

（由化学分析与医药环境研究所吴红撰稿）

25 纳米涂料竟然与荷叶有关?

1. 什么是荷叶效应

我们都见过池塘里的荷叶，通过观察能发现荷叶的两个现象：第一个现象就是水在荷叶上可以肆意滚动而不是粘在荷叶上，即荷叶的表面是疏水的；第二个现象就是荷叶表面很干净。我们把荷叶的这种现象称为荷叶效应，或荷叶自清洁效应，也称之为莲花效应。

2. 荷叶效应的缘由

水珠之所以能够在荷叶上滚动，是因为水珠在荷叶这种材料表面上的接触角大。接触角是指在气、液、固三相交点处所做的气－液界面的切线穿过液体与固－液交界线之间的夹角 θ，是润湿程度的量度。夹角 θ 的概念如下图所示。当接触角 θ 大于 150° 后，水就能够在材料表面较好地滚动。

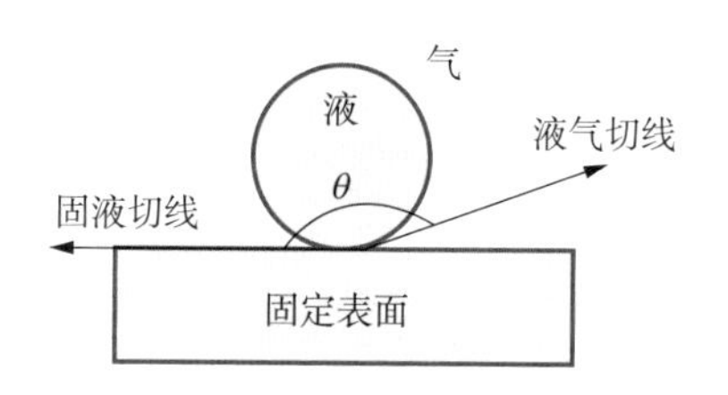

接触角的概念

那么为什么水在荷叶表面的接触角大呢？这与荷叶表面的蜡状物质有关，也与表面结构有关。这里要提到两个长度单位，微米（μm）和纳米（nm），$1\mu m = 10^{-6}m = 10^{-3}mm$，$1nm = 10^{-9}m = 10^{-3}\mu m$。荷叶表面就用这两个长度单位来度量。人们通过扫描电子显微镜观察荷叶表面，发现荷叶表面有均匀分散的几微米大小的小突起，而且每个小突起上面又有很多纳米级别的小突起，如右图所示。研究者也是逐步认识这一结果的，早在1997年德国生物学家Barthlott和Neihuis报道了荷叶表面微米级的小突起，后来中国江雷研究小组又进一步报道了微米结构的小突起上还存在纳米小毛刺。荷叶的超强疏水性，不仅与表面的疏水性有关，还与其表面上这种微米纳米复合结构有重要的关系。

扫描电子显微镜观察获得的荷叶表面的突起

为什么这样的“粗糙”结构就能产生超强的疏水性呢？对于一个疏水的固体表面来说，当表面不平，有微小突起的时候，尺寸远大于这种突起的灰尘、雨水等滴落在荷叶表面上时只能与小突起的顶端接触，有一些空气会被“关到”水与固体表面之间，水与固体的接触面积会大大减小，如下图所示。水在这种突起的表面时，接触角就大，接触角大了，水就容易在其表面滚动，进而在荷叶的中心低洼处聚集或者直接流入荷

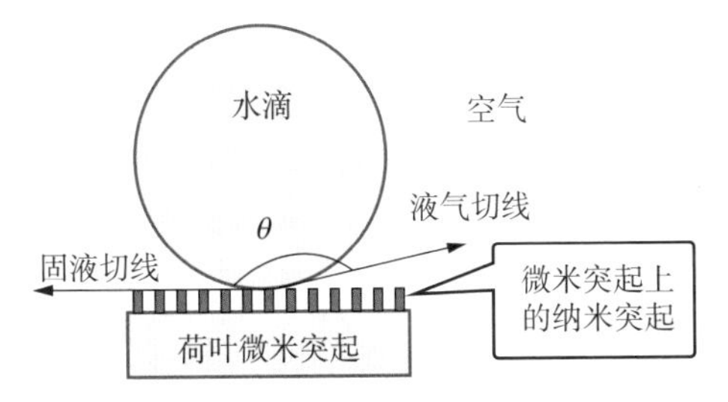

水滴坐落在比其尺寸小的微米纳米结构表面上的模拟图

塘。荷叶的自清洁效应是因为水在荷叶表面滚动的时候，水珠可以包裹荷叶表面的脏东西一起带走，进而可以见到干净的荷叶。

3. 从荷叶效应到纳米涂料

人们从自清洁的荷叶表面联想到，如果我们的建筑涂料也能够像荷叶一样自清洁，那么可以人为地设计自清洁的建筑表面。人们通过模仿荷叶表面的微米纳米结构，使建筑表面的涂料涂层像荷叶一样有微米纳米突起，可以起到自清洁效果，我们将这样的功能性纳米涂料称为防污涂料，在越来越多的建筑中已经得到了应用，但效果距离荷叶本身应该还有一定的差距。目前，市场化的“荷叶自清洁效应”防污涂料绝大多数仅仅是通过合成或选择低表面能聚合物来获得，即相当于荷叶表面的蜡状物质疏水表面，在一定程度上增大了水接触角，但是难以达到 150°，因此人们现在还得不到市场化的理想的防污涂料。

“荷叶自清洁效应”防污涂料未来研发的重点在于微观粗糙结构的构筑，只有同时在组成（低表面能聚合物相比荷叶表面的蜡状物质）和结构（微米纳米粗糙结构）上逼真模仿荷叶表面的状态才能真正制备“荷叶自清洁效应”防污涂料。而多级微观粗糙表面的制备方法大多处于实验室阶段。考虑到实际成本，能够达到理想中的荷叶自清洁效应的涂料大批量生产还需要很长时间。

（由机械制造与智能交通研究所周丹撰稿）

26 家用电器上的“能效标识”是什么意思?

1. 什么是能效标识

能效标识又称能源效率标识，是附在耗能产品或其最小包装物上，表示产品能源效率等级等性能指标的一种信息标签，目的是为用户和消费者的购买决策提供必要的信息，以引导和帮助消费者选择高能效节能产品。

为加强节能管理，推动节能技术进步，提高能源效率，依据《中华人民共和国节约能源法》《中华人民共和国产品质量法》《中华人民共和国认证认可条例》，制定了《能源效率标识管理办法》，该办法经 2004 年 7 月 13 日国家发展和改革委员会主任办公会议和 8 月 11 日国家质检总局局务会议审议通过，自 2005 年 3 月 1 日起施行。建立和实施能源效率标识制度，对提高耗能设备能源效率，提高消费者的节能意识，加快建设节能型社会，缓解全面建设小康社会面临的能源约束矛盾具有十分重要的意义。

2. 哪些家电具有中国能效标识

最早的中国能效标识从 2005 年 3 月 1 日开始执行，当时所涉及的产品只有冰箱和空调。后来，陆续加入了洗衣机、电热水器、电磁炉、电饭锅、平板电脑和微波炉等产品。有的产品的能效标识如冰箱等，历经几代的变革，能效等级的要求也在不断提高，从而形成了目前大家所看到的能效标识。我国能效标识实施产品概况见表 1。

表1 我国能效标识实施产品概况

批次	序号	产品类别	依据文件	发布日期	实施日期
第一批	1	家用电冰箱	国家发展和改革委、国家质检总局、国家认监委2004年第71号公告	2004.11.29	2005.3.1
	2	房间空气调节器			
第二批	3	家用电动洗衣机	国家发展和改革委、国家质检总局、国家认监委2006年第65号公告	2006.9.18	2007.3.1
	4	单元式空气调节机			
第三批	5	自镇流荧光灯	国家发展和改革委、国家质检总局、国家认监委2008年第8号公告	2008.1.18	2008.6.1
	6	高压钠灯			
	7	冷水机组			
	8	中小型三相异步电动机			
	9	家用燃气快速热水器和燃气采暖热水炉			
第四批	10	转速可控型房间空气调节器	国家发展和改革委、国家质检总局、国家认监委2008年第64号公告	2008.10.17	2009.3.1
	11	多联式空调（热泵）机组			
	12	储水式电热水器			
	13	家用电磁灶			
	14	计算机显示器			
	15	复印机			

续表

批次	序号	产品类别	依据文件	发布日期	实施日期
第五批	16	自动电饭锅	国家发展和改革委、国家质检总局、国家认监委2009年第17号公告	2009.10.26	2010.3.1
	17	交流电风扇			
	18	交流接触器			
	19	容积式空气压缩机			
	20	家用电冰箱（修订）			
第六批	21	电力变压器	国家发展和改革委、国家质检总局、国家认监委2010年第3号公告	2010.4.12	2010.11.1
	22	通风机			
	23	房间空气调节器（修订）			
第七批	24	平板电视	国家发展和改革委、国家质检总局、国家认监委2010年第28号公告	2010.10.15	2011.3.1
	25	家用和类似用途微波炉			
第八批	26	打印机、传真机	国家发展和改革委、国家质检总局、国家认监委2011年第22号公告	2011.8.19	2012.1.1
	27	数字电视接收器			
第九批	28	远置冷凝机组冷藏陈列柜	国家发展和改革委、国家质检总局、国家认监委2012年第19号公告	2012.6.21	2012.9.1
	29	家用太阳能热水系统			
第十批	30	微型计算机	国家发展和改革委、国家质检总局、国家认监委2012年第39号公告	2012.11.14	2013.2.1
修订公告	31	电动洗衣机	国家发展和改革委、国家质检总局、国家认监委2013年第34号公告	2013.8.12	2013.10.1
	32	自镇流荧光灯			
	33	转速可控型房间空调调节器			

续表

批次	序号	产品类别	依据文件	发布日期	实施日期
第十一批	34	吸油烟机	国家发展和改革委、国家质检总局、国家认监委 2014 年第 18 号公告	2014.9.29	2015.1.1
	35	热泵热水机（器）		2014.9.29	2015.1.1
	36	家用电磁灶（修订）		2014.9.29	2015.1.1
	37	复印机、打印机和传真机（修订）		2014.9.29	2015.1.1
第十二批	38	家用燃气灶具	国家发展和改革委、国家质检总局、国家认监委 2015 年第 7 号公告	2015.3.19	2015.12.1
	39	商用燃气灶具		2015.3.19	2015.12.1
	40	水（地）源热泵机组		2015.3.19	2015.12.1
	41	溴化锂吸收式冷水机组		2015.3.19	2015.12.1

3. 能效标识含义揭秘

在能效标识中，最主要的是能效等级，另外根据产品类别，还会有能效指数（EEI）、被动待机功率、用水量、洗净比、耗电量等内容。

能效等级是表示家用电器产品能效高低差别的一种分级方法。在中国能效标识中，按照不同产品，能效等级分为不同种类。以常见的液晶电视为例，分为 1、2、3 三种不同的等级，其中有 1、2、3 三个标识，表示能耗从低到高。而冰箱、洗衣机等产品，则分为 1、2、3、4、5 共五种不同的等级。究竟这些数字代表着什么意义，用户又该如何选购呢?

五种等级标识中，等级 1 为最节电的水平，相对而言，可以理解为达到国际节电水平；等级 2 则表示比较节电；等级 3 表示处于市售产品的平均水平；等级 4 则表示产品的能源效率要低于市售产品的平均水平；最高的等级 5，表示仅符合能效标准的最低值，属于市场准入门槛的范畴内，达到了上市销售的认可，但耗电量最大。

（1）液晶电视能效标识解读

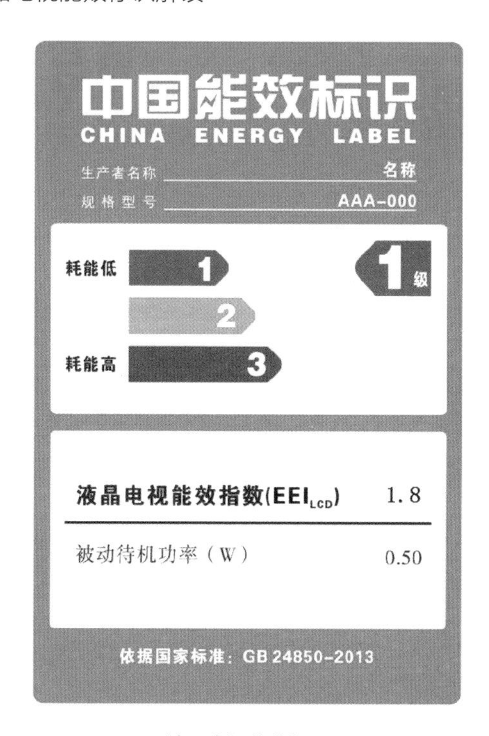

液晶电视能效标识

上图为某品牌液晶电视的能效标识，在标识中可以看到厂商的名称以及产品的型号，同时标注了 1 级能效。此外，我们还能看到液晶电视能效指数（EEI）为 1.8，被动待机功率为 0.5W。

（2）洗衣机能效标识解读

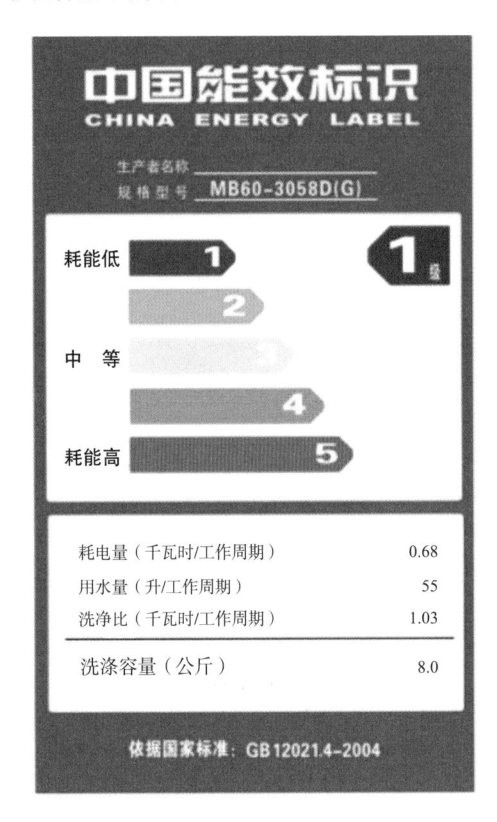

洗衣机能效标识

上图为某品牌滚筒洗衣机的能效标识，在标识中可以看到厂商的名称以及产品的型号，同时以非常醒目的 1 级能效进行了标注。在耗电量方面，更是进行了明确的标注，仅为 0.68kW · h 时，也就是说，每工作 1h 的耗电量仅为 0.68kW · h。此外，我们还能看到洗衣机的用水量为 55L，洗净比为 1.03 等相关的信息。

（3）冰箱能效标识解读

在冰箱的能效标识（见下图）中，注明了冰箱每 24h 的耗电量，也就是每天的耗电量为 0.62kW · h，符合 1 级能效的标准。除此之外，还明示了冰箱冷藏室、冷冻室以及变温室的容积。

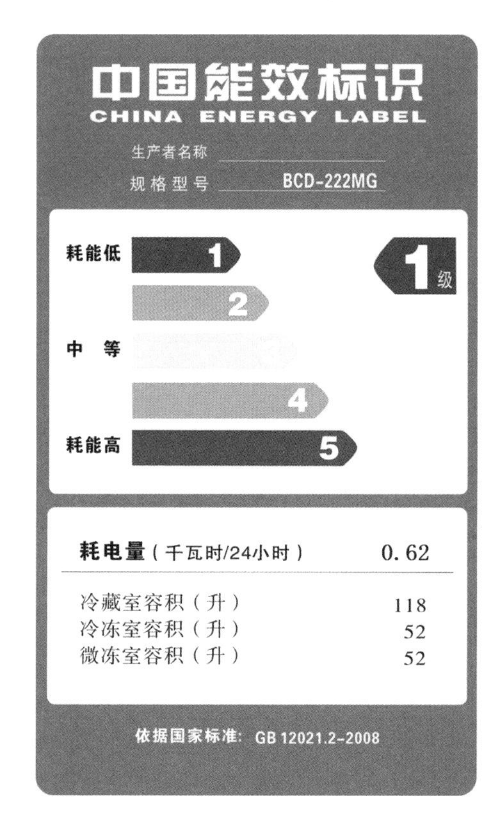

冰箱能效标识

（由能源资源与远程监测研究所刘雪峰撰稿）

27 空调的“匹”准确吗?

空调能耗的高低不是按照制冷功率计量，而是按照空调的“名义制冷能力（制冷量）”来计量。行业中通行的标称方法是空调名义制冷量每2500W 称为 1 匹，即如果一台空调的名义制冷量是 5000W，则这台空调为 2 匹。另外，还有一些比较传统的近似称谓，比如名义制冷量 2300W 的空调称为“小 1 匹”，名义制冷量 2600W 的空调称为“大 1 匹”等。

1. 空调匹数实际含义

空调匹数是指电器消耗功率，即 1 匹 = 1 马力 = 735W，匹并不代表制冷量。平时所说的空调是多少匹，是根据空调消耗功率估算出空调的制冷量。因不同品牌其具体的系统及电控设计差异，其输出的制冷量不同，故其制冷量以输出功率计算。一般情况下，2200W~2600W 都可称为 1 匹，3200W~3600W 都可称为 1.5 匹，4500W~5100W 都可称为 2 匹，空调指标数据见表 1。

表1　空调指标数据表

序号	匹数	功率 /W	机型	制冷量 /W	适用面积 /m^2
1	1	2500	25	2324	10~15
2	1.5	3500	35	3486	16~26
3	2	5000	50	4648	20~37
4	3	7500	75	6972	30~58

2. 空调选购与使用

俗话说“空调买大不买小”，这句话是很正确的。空调匹数买大了，制冷制热速度快。在选购空调时，可结合房间面积合理选择，以降低能耗。

（1）朝阳房间。在选购空调时，房间面积要考虑增加 $3m^2$~$4m^2$，故选择大一点的匹数。假如室内面积 $14m^2$，正常情况下选个小 1 匹空调就够了，但是因为朝阳，那就选个大 1 匹的比较合适。

（2）顶层、平房。房屋如位于顶层，房顶夏天易发热，冬天易散热，故选空调时，房间面积要考虑增加 $4m^2$~$5m^2$，选择大一点的匹数，平房也是这个道理。例如卧室面积是 $17m^2$ 左右，正常选择大 1 匹就够了，但是如果是顶层或平房，购买时就要选择 1.5 匹，甚至选择大 1.5 匹。

（3）客厅、密封性差的房间。客厅和密封性差的房间在选购空调时，要选大一点的匹数。例如客厅只有 $23m^2$~$25m^2$，相同面积的卧室，可选 1.5 匹或大 1.5 匹，但因客厅使用空间大、密封性差，故选择 2 匹的柜机或 2 匹的挂机较为合适。

（4）走廊、厨房、小卧室等。在为房间选购空调时，一定要加上走廊、厨房、小卧室的面积，切勿想着让大房间的空调吹点风就行，假如空调选小了，将会影响到大房间的制冷效果。

（5）电脑特别多的办公室、机房等。因电脑的散热特别厉害，尤其是台式机。在选择空调制冷时，应根据室内电脑台数或者服务器的多少来定，基本上根据房间的最大面积加上一半或者一倍即可。例如 $15m^2$ 的房间选择空调制冷时，应按照 $23m^2$ 或 $24m^2$ 来计算，选择大 1.5 匹比较合适。

（6）复式房间。一定要按照两层的面积计算，不要想着楼上买个空调，楼下凉快点，两层的制冷制热效果都不理想，再想换空调，就得额外增加成本。

总之，空调买大不买小，用一个最简单的道理就能概括：“小马拉大车不一定省事，大马拉小车也不一定费力！”

（由能源资源与远程监测研究所许明撰稿）

28 标准煤是真的煤吗?

随着工业化的实现，人类活动的规模和强度日益加大，大气环境质量也逐渐恶化，环境问题日益突出。各级政府及有关部门都对大气污染的防治工作给予高度重视，各项有关大气环境保护和污染防治的工作陆续开展。我国持续不断的大面积雾霾天气使得人们对大气环境的关注度越来越高。

我国不但是一个煤炭资源十分丰富的国家，也是世界上最大的煤炭生产国和消费国，同时还是世界上仅有的几个以煤为主要能源的国家之一，电力生产近 80%来自于煤粉燃烧。这也让我们更加关注能源的使用情况，统计能源报表，及时、有效地进行管控。

在统计能源报表的时候经常可以看到标准煤的身影，例如：发电厂的发电煤耗与供电煤耗都是按标准煤计算的，除此之外，国家有关能源的统计、调拨，能源消耗指标，节约能源指标，也都是以标准煤计算的。

但是这个标准煤实际是不存在的。由于能源的种类很多，所含的热量也各不相同，为了便于分析比较热力设备的经济性和在总量上进行研究，提出了标准煤的概念，将不同燃料消耗指标规范统一。

由于不同种类的能源具有不同的发热量，有时差别很大。比如发热量最低的煤只有 8000kJ/kg，发热

量最高的煤可达 30 000kJ/kg。相同容量、相同参数的锅炉，在相同工况下运行，燃用不同发热量的煤，燃煤量也就不同，但我们不能仅仅根据燃煤量多少来分析判断锅炉运行的经济性。如果把不同的燃煤量都折算为统一的标准煤，那就很容易判断哪一台锅炉的标准煤耗量低，哪台锅炉的运行经济性就好。所以通常我们会将不同品种、不同含量的能源按各自不同的热值换算成标准煤。

通过对能源使用情况的统计，做好对能源的调配、管理工作，使能源可以最大化被利用，在各个使用环节上做到节能减排，少一分污染，多一片蓝天。

（由能源资源与远程监测研究所胡博撰稿）

29 为何特斯拉会收到碳排放超标的罚单?

1. 特斯拉也因碳排放超标被处罚了?

在我们的印象中，电动汽车应该是环保的代名词，是政府大力支持和补贴的新能源汽车，但是著名电动车品牌特斯拉在新加坡却经历过一次被处罚的情况，原因是二氧化碳排放超标。据报道，新加坡某车主在香港花5.1万美元购买了一台MODEL S车型特斯拉纯电动汽车并将其带回了新加坡，根据新加坡政府规定，新车需要通过长达几个月的检测，如果符合新加坡政府车辆碳排放（CEVS）标准，车主可退税10 880美元。然而让这位车主震惊的是MODEL S在测试后被认定为“非环境友好车型”，被新加坡陆路交通管理局（LTA）开出了罚单。LTA解释说，他们测试这辆特斯拉MODEL S每公里要消耗444瓦时（百公里44.4度）的电量，根据新加坡的法规，所有电动车消耗的电量都要按1瓦时核算成0.5克二氧化碳排放量，这辆特斯拉每公里“相当于”排放222克的二氧化碳，而同级别的燃油汽车的二氧化碳排放量则约为200克/公里，这辆特斯拉属于“重度污染”范畴，足以构成“污染源”。

2. 电动车为什么变成了污染超标车?

尽管电动车在行驶过程中的确是零排放的，但是电能并不是自然界本身就存在的能源，而是需要通过其他形式的能源加工转化生产出来，那么在这种发电过程中就产生了污染物和二氧化碳的排放。以我国为例，我国目前73%的电来自于火力发电，其所消耗的主要原料是煤炭，那么燃煤发电时必然就会产生相应的二氧化碳排放，因此我们在核算二氧化碳气体排放总量时既应包括化石燃料燃烧所产生的二氧化碳直接排放量，又要包括电力消耗中所隐藏的二氧化碳间接排放量，这就造成了纯电动车也会存在碳排放的问题。

3. 为何特斯拉官方给出的数据和 LTA 此次所测数据不同?

这个事件并没有结束，特斯拉官方回应称，根据以前该机构所测得的数据，MODEL S 的耗电量仅为 181 瓦时 / 公里，与此次 LTA 计算中所测出的 444 瓦时 / 公里数据有很大出入。到底谁在撒谎呢? 其实他们都没有错，只是计算的角度不同，特斯拉公布的数据是汽车行驶中所消耗的电量，而 LTA 计算的数据是汽车消耗的这些电应该在发电厂中生产多少电量才能得到，这其中也就包括了发电厂的自身损耗、输电线路的损耗和充电设备的损耗。因此单从数值看来，两者存在很大差异。

4. 该不该鼓励电动车?

既然电动汽车也存在碳排放问题，我们还应不应该鼓励它的发展呢?作者认为答案是肯定的。因为电动车本身并不直接排放污染物，而电能的产生形式也是多种多样的，随着科技的发展，风电、水电、核电、光伏发电等一些近似零排放的清洁能源发电技术不断提高，终有一天我们会用这些新能源技术代替传统的火力发电，而鼓励纯电动汽车的发展也会对新能源的利用起到推动意义，同时电动汽车的储能特点还会和电网紧密配合，达到为电网削峰填谷的作用。

（由能源资源与远程监测研究所王璐撰稿）

30 冬季供暖如何计量?

随着人民生活水平和节能意识的日益提高，用户对冬季供暖效果与用热收费标准更加关注，供热计量在保障供暖公平计费方面具有重要作用。供热计量就是按用热量的多少收取采暖费，简言之，就是用多少热，交多少费。目前国内供热计量方式主要有热分配计法、户用热量表法、流量温度法、通断时间面积法和温度面积法等。

1. 热分配计法

通过在每户散热器上安装热分配计，根据各住户分配计数据占总热量表数据的比例关系，对整个楼栋总热量进行分摊计费的方法。用户室内热分配计读数高，说明室内热量分配相对多，分摊的费用高；用户室内热分配计读数低，说明室内热量分配相对低，分摊的费用低。

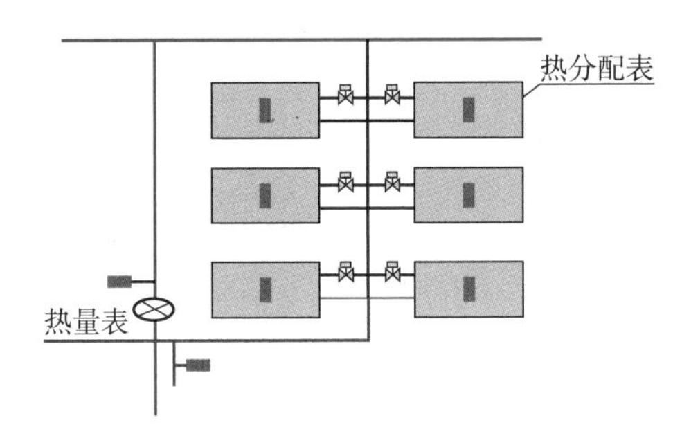

散热器热分配计法示意图

2. 户用热量表法

通过在每户供热管道进口安装一块热量表，根据各住户热量表显示的热量耗用数据，再以核定的热量单价进行计价的方法。用户热量表读数高，代表室内热量耗用多，用户担负供暖费用高；用户热量表读数低，代表室内热量耗用低，用户担负供暖费用低。

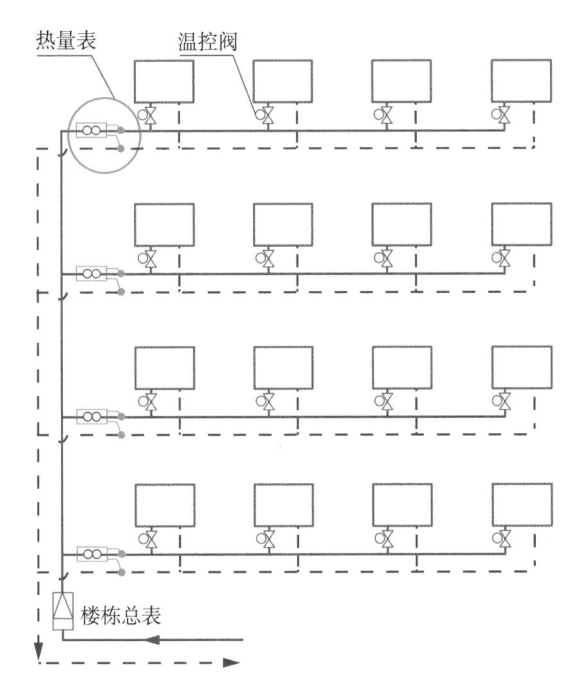

用户热量表法示意图

3. 流量温度法

通过对每户或每个散热器的进出口温度进行监测，以供暖入户流量保持不变为基础，根据各户温度和流量的比例关系，对整个楼栋的总表热量进行分摊计费的方法。用户管道进出口温度高，说明室内热量分配相对多，分摊的费用高；用户管道进出口温度低，说明室内热量分配相对低，分摊的费用低。

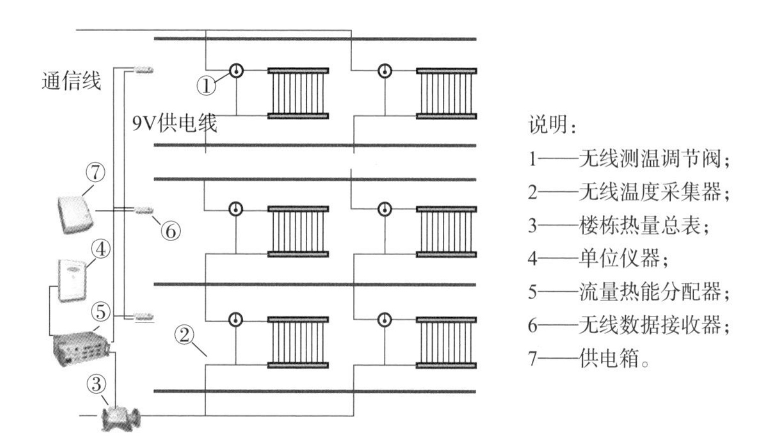

流量温度法示意图

4. 通断时间面积法

通过室内温度控制器控制电动阀的开闭，对每户供暖通水时间进行控制，根据用户阀门通断时间与面积进行分摊计费的方法。用户室内温度高，通断阀门开启的时间相对长，分摊的费用高；用户室内温度低，通断阀门关闭的时间相对长，分摊的费用低。

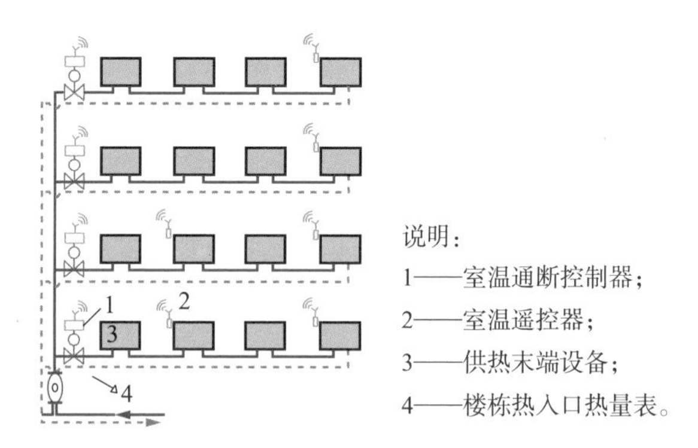

通断时间面积法示意图

5. 温度面积法

通过在每户设置测温末端，根据各住户住房面积和室内温度的函数关系，对楼栋的总热量按户数进行分摊计费的方法。用户室内测温高，住房面积大，分摊的费用高；用户室内测温低，住房面积小，分摊的费用低。

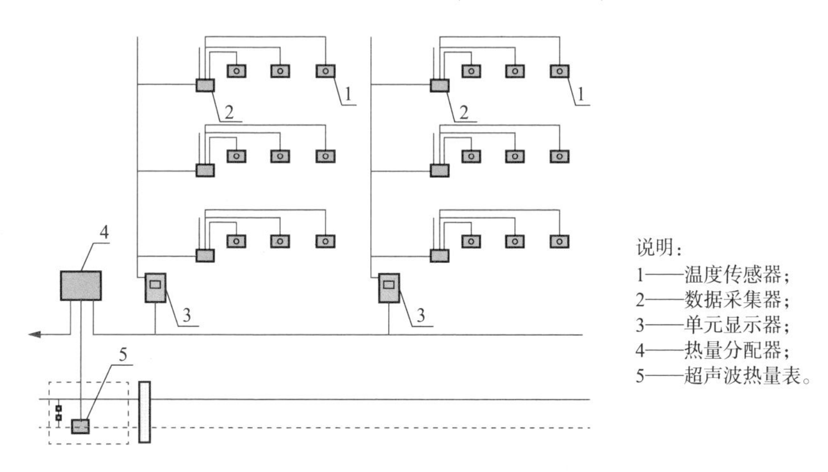

温度面积法示意图

（由能源资源与远程监测研究所郑睿撰稿）

31 什么样的电热水壶相对节能?

喝水是人们生活中必不可缺的事情，随着中国茶文化的发展，电热水壶的使用也越来越广泛。尤其是近些年，电热水壶的类型不断推陈出新。随着大家节能意识的提高，电热水壶作为耗电的小家电，怎样使用电热水壶才能做到节约用电呢?

（1）先从电热水壶的分类说起，按照不同材料分为不锈钢电水壶、塑料电水壶、玻璃电热水壶、陶瓷电水壶。

不锈钢电水壶的特点是外壳为不锈钢材料，电源连接底盘，电源线盘在底盘下可任意伸缩。水壶可以随意旋转，美观大方，易于清洗。

不锈钢电水壶

塑料电水壶

塑料电水壶，外壳是塑料或类似材料壳体，底座涂有恒温碳（或者装有加热丝）。

玻璃电热水壶

陶瓷电水壶

玻璃电热水壶的外壳为玻璃，也是美观大方，易于清洗。

陶瓷电水壶外壳为陶瓷，色彩鲜艳，美观高档。

（2）按照功能分为普通电水壶、保温电水壶、茶具套装电水壶等。

普通电水壶是指只有加热功能的电水壶。

保温电水壶带有保温内胆，一般是水开后直接进入保温状态，通过不间断的加热来实现恒温，具有无水防干烧功能、断熔保护功能。

茶具套装电热水壶主要是根据茶文化的需要，加入了智能控温、自动加水、煮茶泡茶等功能。

（3）按照加热方式可分为电热盘（或电热丝）加热和电磁炉加热两种。

一般所说的电加热盘（或加热丝）是电流经低电阻产生热而将水加热。电磁炉是将电通过线圈产生电磁波来加热，一般电热丝加热的功率略高于电磁炉的功率，而电磁炉加热的优点是干净、卫生且应用方便，温度可以随意控制，扩展功能较多，但是有一定的辐射。

了解了电热水壶的分类，大家会问哪种电热水壶更加省电呢？电热盘（或电热丝）和电磁炉两种加热方式在正常使用中的耗电量还是有一些区别的，经过试验证明，电热盘（或电热丝）要比电磁炉加热方式多耗电约10%。电热水壶还有一项功能对节能有影响，就是电热水壶的保温能力，通俗地说，就是电热水壶在水烧开后，不通电的情况下保温时间的长短。这里的保温不是电磁热水壶的自动恒温功能，而是电热水壶本身所用材料所决定的能力。如果保温能力强，则热水壶里的水保温时间长，就无需反复进行加热，反之，重复对水壶里的水进行加热，这就造成了电的消耗。所以自动恒温功能的电热水壶看似非常方便，但是其会反复对水进行加热以保持恒温，这些都会造成多余的能源损耗。所以建议大家选购时，还是尽量选择保温能力好的电热水壶，例如带保温层的水壶。

上述情况都是电热水壶自身的节能要素，而实际生活中要想节约用电，不仅要选购合适的电热水壶，还需要正确地使用电热水壶。譬如使用自动恒温功能的电热水壶时，务必在使用完后关闭开关，不然其恒温功能会持续耗电；使用电热水壶烧开水后，可以将开水倒入保温壶，减少反复烧水的次数以减少耗电。所以说事在人为，要想节约能源还是需要人们在生活中养成良好的节能习惯才能实现。

（由能源资源与远程监测研究所姚敏撰稿）

32 空调使用中有哪些节电误区?

空调是夏季和冬季必不可少的家用电器，也是一个能耗大户，所以在日常使用中为了节电人们可能存在一些误区，下面就一一道来。

1. 使用变频空调更省电?

家电卖场推销空调时都会向大家推荐变频空调，那么变频空调是怎么工作的，真的比普通空调省电吗? 变频空调是在常规空调的结构上增加了一个变频器。它的基本结构和制冷原理与普通空调完全相同。变频空调的压缩机可以自动进行无级变速，根据房间情况自动提供所需的冷（热）量；当室内温度达到设定温度后，空调压缩机则以能够准确保持这一温度的恒定速度运转，从而保证环境温度的稳定并实现低功耗。其工作在最佳的转速状态时，可以比普通空调节能约 20% 以上。

但是不正确的使用会使变频空调比普通空调更费电。使用变频空调时，不要频繁开关机，也不要频繁调节室内温度。变频空调开机时间越长就越省电，因为变频空调刚开机时以高频运转，使室内温度以最快速度达到设定的温度，此时的耗电量很大，比普通定速空调功耗大许多。当室内温度均匀地达到所设定的温度后，压缩机就会进入低速运转阶段，此时的耗电量就特别低。所以说，变频空调还需要正确地使用才能将其节能的特性发挥出来。

2. 空调的除湿功能费电吗?

简单地说，普通空调的除湿就是制冷除湿。当空调器的蒸发器中的制冷剂蒸发时，要吸收大量的热量，使蒸发器表面温度降低很多，这使室内空气中的水蒸气产生遇冷液化成水的现象，这些冷凝水将流到接水盘经出水管而排到室外；同时室内空气温度会大幅度下降，空气湿度处于一种过饱和状态，多余水汽以冷凝水的形式析出。因此空调的除湿就是变相的降温而已，其压缩机会一直处于工作状态，将会产生巨大的能耗。所以，空调的除湿功能是很费电的。在日常使用中，我们还是正常地降低温度就可以起到除湿的作用了。

3. 空调的匹数（功率）越小，越省电吗?

如果空调的匹数（功率）较小，与实际房屋的面积不匹配的话，就无法满足房屋制冷量的需求，这样空调在运行中会不断处于超负荷运转状态，房室内的温度也不会达到预期的效果，最终在节能的表现上也是令人失望的。空调长时间超负荷运转还会加大空调压缩机的耗损，降低空调的寿命。因而，选择匹数（功率）小的空调不一定能起到省电作用，一定要选择一台适合室内面积大小的空调才可以。

以上是人们在平时选择和使用空调时可能存在的误区。其实，平时使用空调还有一些省电的小窍门：使用空调时把温度设置在适中温度即可，不要太低；空调过滤网一定要经常清洗，假如长时间不清洗干净，很容易影响空调的制冷或制热效果；空调主机尽量不要安装在日晒雨淋的地方，防止阳光直接照射。

（由能源资源与远程监测研究所姚敏撰稿）

33 建筑装修如何做好保温?

购买房产可能是大多数家庭需要面对的一件大事，而建筑装修中做好房屋的保温也是非常重要的，将直接影响冬季供暖和夏季恒温的节能效果。房屋的保温是如何体现在节能方面的呢？夏季房屋外面的温度肯定是非常高的，房屋内需要开空调制冷才能将屋内调节到舒适的温度，这时候房屋保温的作用就体现出来了，做好保温的房屋可以减缓室内与室外的热交换，则空调的制冷量减少，耗电量也会降低。相同道理，冬季供暖也是保温好的房屋所消耗的供暖热量更低一些。所以，现在装修都会做好房屋的保温，这为节能减排作出非常重要的贡献。

常见的建筑装修主要包括墙壁的保温、门窗的保温、地板和屋顶的保温。下面将对这些保温的手段进行简要介绍。

1. 墙壁的保温

墙壁的保温是最基础也是效果最明显的保温手段。在房屋建设中，大部分房屋会在房屋外墙安装保温层，对节能要求高的房屋还会在屋内和屋外都安装保温层。这类保温层一般有硅酸铝、硅酸盐、陶瓷、胶粉聚苯颗粒、泡沫板、挤塑板、硬泡聚氨酯现场喷涂、硬泡聚氨酯保温板、发泡水泥板、无机防火保温砂浆等。由于房屋与外部接触的主体就是墙壁，所以这种保温手段带来的效果是最明显的。

2. 门窗的保温

门窗的保温包括门和窗户。防盗门一般为金属材料，其传递温度的能力非常好，非常不利于保温。但是通过在内部填充保温材料，有效地提升了防盗门的保温效果。同时还需要注意防盗门边缘的密封性，选择带有密封条的防盗门也可以降低屋外与屋内空气的流通，起到保温的作用。

窗户的保温也是非常重要的。窗框的材料主要分为以下几种：塑钢材料、铝合金材料、木质材料，其中铝合金又分为普通铝合金和断桥铝。按照保温效果来排序，木质和塑钢的保温效果最好，其次是断桥铝，普通铝合金的最差。窗户的结构可以分为推拉式和平开式，由于推拉式的窗户气密性不如平开式好，所以要保温效果好首选平开式。用于窗户的玻璃可以分为单层玻璃、双层玻璃和真空玻璃。其中真空玻璃的保温效果最好，但是价格也非常昂贵；双层玻璃的保温效果较好，价格稍微便宜一些；单层玻璃的保温效果最差，使用成本也是最低的。所以大家可以根据自己的需求选择合适的窗户进行装修。

3. 其他保温方式

地面装修时一般使用三种材料：地砖、木质地板和 PVC 类地板。

地砖包括瓷砖和石砖，其保温效果不如木质地板和 PVC 类地板。在铺设木质地板的时候，会在板下铺一些阻燃性的泡沫材料以及防水矿棉板，所以木质地板的保温效果是最好的。大家可以根据自己喜好选择合适的地面装修。

窗帘也是一个很好的节能法宝，合理使用窗帘就能给房间制造冬暖夏凉的感觉。在夏天的时候将窗帘关上可以阻挡阳光的热量，在冬天的时候打开窗帘可以利用阳光来给室内加温。

上述就是几个在装修时可以提高房屋节能的方法，大家可以根据自己房屋的特点和个人喜好选择合适的装修。最主要的还是需要大家在生活中养成良好的节能习惯，这才是最重要的。

（由能源资源与远程监测研究所姚敏撰稿）

34 碳排放的“碳”如何计量?

碳排放是关于温室气体排放的一个总称或简称。温室气体中最主要的组成部分是二氧化碳（CO_2），因此人们简单地将“碳排放”理解为“二氧化碳排放”。

1. 碳排放的产生

人类的任何活动都有可能造成碳排放，各种燃油、燃气、石蜡、煤炭、天然气在使用过程中都会产生大量二氧化碳，城市运转、人们日常生活、交通运输（飞机、火车、汽车等）也会排放大量二氧化碳。买一件衣服，消费一瓶水，就连叫个外卖都会在生产和运输过程中产生排放。所有的燃烧过程（人为的、自然的）都会产生二氧化碳，比如普通百姓简单的烧火做饭；有机物在分解、发酵、腐烂、变质的过程中都会产生二氧化碳。事实上，碳排放和我们每天的衣食住行息息相关。

2. 碳排放的计算

随着“低碳”概念开始高频率地走进人们日常生活，大家对碳排放量的多少非常关心，但又知道得很模糊，不知道到底是怎么算的，下面就给出几种碳排放的计算公式：

消耗 1t 标准煤的能源，排放的二氧化碳量为 2.6t；

家居用电的二氧化碳排放量（kg）= 耗电量（kW · h）× 0.785；

开车的二氧化碳排放量（kg）= 油耗量（L）× 0.785；

火车旅行的二氧化碳排放量（kg）= 行驶距离（km）× 0.04；

家用天然气二氧化碳排放量（kg）= 天然气使用量（m^3）× 0.19；

家用自来水二氧化碳排放量（kg）= 自来水使用量（m^3）× 0.91；

肉食的二氧化碳排放量（kg）= 肉食量（kg）× 1.24。

比如一棵冷杉 30 年能吸收 111kg 二氧化碳，平均每年吸收 4kg 左右，那么粗略计算以下消耗需要种几棵树来补偿：

乘飞机旅行 2000km = 278kg 碳排放量 = 3 棵树；

消耗 100kW · h 电 = 78.5kg 碳排放量 = 1 棵树；

消耗 100L 汽油 = 270kg 碳排放量 = 3 棵树。

3. 倡导低碳生活

（1）换节能灯泡：使用节能灯泡取代钨丝灯泡，节能灯泡的使用寿命更比白炽灯长 6 倍 ~8 倍，节能约 60%。

（2）空调温度适度：夏天空调的温度设在 26℃左右、冬天 19℃左右对人体健康比较有利，同时还可大大节约能源。

（3）选择有能效标识的冰箱、空调和洗衣机，能效高，省电又省钱。

（4）购买小排量或混合动力机动车，减少二氧化碳排放量。

（5）尽量选用公共交通工具。多步行、骑自行车、乘坐轻轨或者地铁。

（6）拼车：汽车共享，和朋友、同事、邻居同乘，既减少交通流量，又节省汽油、减少污染。

（7）关闭电器电源，切勿处于待机状态：无论办公室还是家里，电脑、电视等电器不使用时关闭电源比待机状态能节约电源。拔掉插头，真正关掉它们，家庭能源的排放会减少10%甚至更多。

（8）节约用水：将马桶和水龙头的流量关小，尽量一水多用，比如用洗菜水刷碗、洗衣水拖地。

（9）自备水壶和碗筷：如果带上自己的水壶或者碗筷，不仅支持了环保，还干净卫生。一个瓶子重复使用20次可减少30%的碳排量。

（10）拒绝使用塑料袋、包装产品：包装浪费减少10%，每年就可以降低540kg二氧化碳的排放。

发展低碳经济、推行低碳生活是当今世界发展的新潮流，是人类可持续发展的要求。减少碳排放，是我们每个人的职责，我们要在日常生活的每一个细节中努力避免或减少碳排放，为自己和后代的生存环境负责。

（由能源资源与远程监测研究所彭静撰稿）

35 水表上放磁铁真能走慢吗?

这种说法在民间流传较为广泛，而且一些街头小贩和网络上也在贩卖一种高强度的磁铁，号称水表使用的是铁制的机芯，利用磁铁吸铁的特性，将其放在水表上便可牢牢地“粘”住水表的指针，一动不动，不管你用多少水，它仍停留在原数值上。事实上，这种说法是没有科学依据的。

目前家用的水表大致分为湿式、干式和 IC 卡式三种。其中湿式水表即机械水表是居民家中最常用的，这种水表一概采用塑料机芯和指针，其内部结构没有丝毫铁的成分，所以磁性再强的磁铁对它来说也起不到任何作用；干式水表中确实使用了磁钢材料，但随着测量技术的发展以及原材料的进步，内部的磁钢元器件等已经可以进行磁防护，不受磁铁影响；而 IC 卡式水表具有自动检测功能，当它受到强磁铁干扰时，电动阀门会自动关闭，禁止水流通行，用户将无法用水。

现行的国家计量检定规程 JJG 162—2009《冷水水表》中也有明确规定，水表必须通过静磁场试验，其示值误差应不受影响，才能经检定合格流入市场。

至于市场上叫卖的所谓的能让水表停走的“强力磁铁”，其实是因为它用来演示的水表经过了改装，主要是将水表内的塑料齿轮换成了铁的，只要用磁铁放在水表的镜面上，齿轮自然就停止了。

因此，所谓磁铁会使水表走得慢甚至不走的说法是不可信的，请广大用户科学合理地使用水表，按时、按期缴纳水费，也不要上不法分子的当，不管用任何形式盗取自来水等国家资源都要受到法律制裁。

（由热工流量与过程控制研究所李晨、李晶晶撰稿）

36 热能表在供热计量中的作用是什么?

热能表是用于测量及显示水流经热交换系统所释放或吸收热量的仪表，热能表也称能量表或热量表，是安装在热交换回路的入口或出口，用以对采暖设施中的热耗进行准确计量及收费控制的智能型热量表。

1. 热能表结构

热能表主要由流量传感器、配对温度传感器和计算器组成。热能表按结构类型一般可分为一体式热能表和组合式热能表。

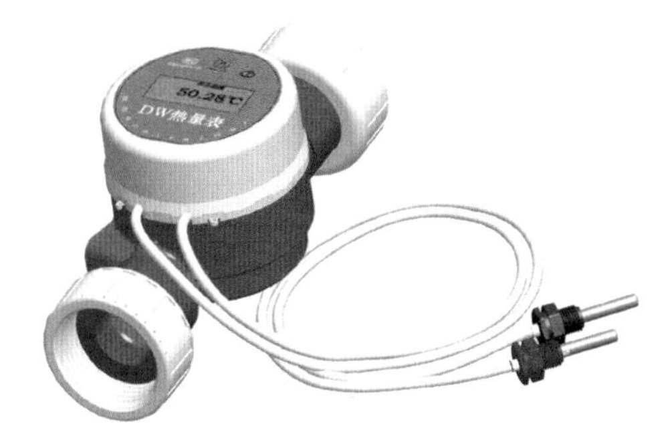

2. 工作原理

热能表的工作原理是：将配对温度传感器分别安装在热交换回路的入口和出口的管道上，将流量传感器安装在入口或出口管道上；流量传感器发出流量信号，配对温度传感器给出入口和出口温度信号，计算器采集流量信号和温度信号；经过计算，显示出载热液体从入口至出口所释放的热量值。

3. 工作原理运用

长期以来，我国北方地区城镇居民采暖一般按住宅面积而不是实际用热量收费，导致用户节能意识差，造成严重的资源浪费。显然该计量方法缺乏科学性。而欧美等发达国家在 20 世纪 80 年代初，热量表的使用已相当普遍，热力公司以热量表作为计价收费的依据和手段，可节能

20%~30%。作为建筑节能的一项基本措施，原国家建设部已将热量计量收费列入《建筑节能“九五”计划和2010年规划》，规定对集中供暖的民用建筑安装热能表及有关调节设备并按户计量收费，并在1998年通过试点取得成效，进而开始推广，2000年在重点城市新建小区推行，2010年全面推广。

4. 热能表的安装

（1）热能表属于比较贵重的精密仪器，拿起放下时必须要小心，禁止扯拽表头、传感器线；禁止挤压测温探头；严禁靠近较高温度热源如电气焊，防止电池爆炸伤人以及损坏仪表。

（2）机械式热能表必须水平安装，特殊场合需要垂直安装的，必须经厂家确认同意并保障进水方向为下进水。

（3）热能表禁止安装在管道上端（防止因管道集气而造成计量不准）。

（4）安装热能表前请先确认区分进、回水管以及水流方向。

（5）热能表表体上箭头所指的方向为水流方向，不得装反。

（6）热能表的温度传感器共有两只（进水和回水），安装时应将红色标签的温度传感器安装在进水管道上（通常在表体测温孔内），将另一只标签（蓝色）安装在回水管上，安装传感器的步骤为：

- 取下温度传感器上的防水胶圈塞进测温座孔内；
- 再将温度传感器装进测温座孔并上紧（以防止漏水或未经允许的人打开）。

（7）热能表的温度传感器线标准长为1.5m，如果安装时出现特殊情况可根据实际长度对其加长，但必须在订货前通知厂家（不做技术处理的加长线将对测量结果产生负面影响）。

（8）热能表尽量安装在进水口上，如果因设计或者施工等原因可能要求将其安装在回水管上，这也是允许的，但必须在订货前通知厂家，以做相应处理。

（9）热能表的前端必须装有相应口径的过滤器。

（10）热能表两端必须装有相应口径的阀门，并且能够与热能表分离，主要便于在使用过程中维修和维护热能表。

特别提示：

- 热能表要安装在合适的位置，以便于操作、读取和维修、维护；
- 热能表上的铅封不能损坏，如果损坏厂家将不再承担热能表的质量、不再保证热能表测量的准确度；
- 非正常使用情况下（人为和恶劣使用环境等）造成的热能表损坏不属于免费保修范围，安装时应仔细阅读规程，谨慎操作。

（由能源资源与远程监测研究所瞿蒙撰稿）

37 家里用的水表、电表、燃气表准吗?

如今居民的家中都装有水表、电表和燃气表，普通百姓很难通过测试来验证这些表计的准确性，那么该如何判断他们准不准呢？最直接的方法就是查看这些表计是否贴有检定合格证。水表、电表、燃气表等计量器具作为国家强制检定的计量器具，均须经国家法定计量检定机构检定合格，才能安装使用。因此，所有检定合格的“民用表”上都必须贴有“检定合格证”标签，并标明有效期。

《强制检定的工作计量器具实施检定的有关规定》(试行)中规定：“直接与供气、供水、供电部门进行结算用的生活用煤气表、水表和电能表只作首次强制检定，限期使用，到期轮换。”JJG 162—2009《冷水水表》中规定标称口径 25mm 及以下的水表使用期限一般不超过 6 年；JJG 596—2012《电子式交流电能表》中规定 0.2s 级、0.5s 级有功电能表，其检定周期一般不超过 6 年；JJG 577—2012《膜式燃气表》中规定以天然气为介质的燃气表使用期限一般不超过 10 年。

若你怀疑自家水表、电表、燃气表计量有问题，可以向当地计量部门反映，也可以到 12315 进行投诉。新仪表必须进行首次强检才能使用，若你发现新表上没有贴“首次强制检定合格证”标签，也可向计量部门反映。

(由能源资源与远程监测研究所孔丽静撰稿)

38 家用燃气使用常识及异常处理

天然气、煤气是比较理想的气体燃料，因而被广泛应用于科研、工业、商业和日常生活等各个领域中。膜式燃气表是专门用以测量燃气体积流量的容积式流量计，广泛用于百姓家庭、工业、商业、企事业单位燃气用量等贸易结算的场合，是涉及百姓生活、量大面广的计量器具之一。它的用途是定量计量燃气消耗量，它保证了供气方和用户的公平贸易、合理结算。膜式燃气表具有结构简单、价格低廉、计量准确、流量范围宽、性能可靠、使用周期长、没有特殊的安装要求等特点。其产品质量涉及安全及贸易结算，与千家万户生活紧密相关，被列为国家质检总局重点管理的强制检定的工作计量器具管理范围。目前，国内主要生产厂家主要集中在华北、西南和华东地区，共计六十多家生产企业，年产量达到1300万台。依据检定规程和型式评价大纲正确检定和型式评价燃气表，保证流量量值的准确和统一，不仅对于节约能源、提高经济效益有重要作用，而且与人民生活密切相关。燃气表的质量直接影响国家和消费者利益，同时还会影响人民的生命、财产的安全。

1. 燃气表是如何计量的

一般家用燃气表有普通机械式膜式燃气表、智能型 IC 卡膜式燃气表和远传膜式燃气表。 膜式燃气表的工作原理为：当流动的气体经过燃气表时，燃气会在燃气表进出口两端产生压力差，推动膜片在计量室内运动，并且带动配气机构进行协调配气，使得膜片的运动能够连续往复的进行，膜片每往复一次，就排出一定量气体，最终经过计数单元，实现计量体积功能。智能型 IC 卡膜式燃气表是以膜式燃气表为计量基表，以 IC 卡为媒体，加装控制器所组成的一种具有预购气量功能的燃气计量装置。远传膜式燃气表主要由基表、控制器、执行机构（电机阀）、信号检测等部分组成，具有计数计量、预付费、阀门控制、报警提示、IC 卡（或无线）远传等方面的功能，具备数据处理和信息存储功能，集用户预付费、燃气表自动计费、状态报警提示和防止窃气等功能于一体。

根据国家标准 GB/T 6968—2011《膜式煤气表》，一般常用膜式表有流量为 2.5m^3/h、4.0m^3/h、6.0m^3/h 三种。机械表的压力损失不大于 200Pa，IC 卡表的压力损失不大于 250Pa。使用天然气时膜式燃气表的寿命一般为 10 年，使用人工煤气时寿命一般为 6 年，限期使用，到期更换。

2. 在使用天然气时，我们应该注意什么

（1）选用符合国家质量标准的、具有生产许可并经燃气行业管理部门销售备案的、符合当地气质要求的燃气器具。

（2）天然气完全燃烧需消耗氧气，使用时应保持室内通风，常开门窗，注意房间的通风换气，尤其在冬季要加倍小心，睡前关好厨房的门，保持卧室的空气

纯净。

（3）已通天然气的房间，用户不得在同一空间使用第二火源，装有天然气管道、气表、灶等设备的厨房和场所，不要堆放杂物、易燃易爆物品和使用明火，严禁作为卧室住人。因为，一旦天然气管道、气表、灶等设备损坏漏气，就易发生火灾或中毒等危险。

（4）使用电子打火的燃气灶，点火时应先开启灶前阀，再开启灶具阀；熄火时应先关闭灶前阀，再关闭灶具阀。使用天然气时，要注意三关一开，即使用完天然气要关灶具开关、关灶前阀、关厨房门、开厨房窗户。

（5）出门或晚间入睡前，牢记关闭气源灶前阀，长期不用燃气，一定要关闭表前阀。

（6）烹调时，厨房内须随时有专人照料，避免汤水溢出熄灭炉火，导致天然气泄漏。如果必须离开，应先将炉火熄灭；停用时，将燃气截门全面关闭，以防发生意外，做到"人离、火熄、阀关严"。

（7）应进行日常检漏，常用方法是用毛刷蘸肥皂水涂在燃气管各接口处，如有气泡出现，即说明漏气，切不可用明火检查。发现漏气，应及时采取有效措施，通知燃气公司进行处理。

（8）不得在燃气管道上缠绕电线或用绳索悬挂杂物。不得擅自更换、变动供气计量装置。装修时不得包裹燃气管道、气表。

（9）经常检查煤气泄漏报警及自动切断装置是否处于正常工作状态，不要随意拔下电源，否则无法起到安全保护作用。遇到故障，拨打报警器上标注的厂家维修电话或供气单位电话。

（10）经常检查室内立管和穿楼板处管道是否锈蚀严重，以防燃气泄漏，造成事故隐患。

（11）不得擅自安装、拆除、拆修、改装、迁移燃气用具。如需增设燃气用具（如燃气灶具、燃气热水器、燃气采暖炉等），应向燃气公司申请，并由专业队伍负责施工。

（12）燃气热水器应选用平衡式或烟道强排式机型，禁止使用直排式热水器，禁止将任何燃气热水器安装在浴室内；使用燃气热水器时间过长会造成过量耗氧，使人缺氧窒息，因此连续使用不得超过 20min，同时，要保持良好的通风。

（13）购买燃器具要与气源相符合，安装时由专业人员按照便于操作和安全使用的原则按照规范进行安装。

（14）胶管安装必须安全规范。天然气用户务必使用耐油（丁氢橡胶）燃气专用胶管，不得使用其他软管代替。要经常检查胶管是否老化（具体方法：将胶管弯成“U”字形，凸面应无龟纹为合格）。胶管长度不得超过 2m，不得穿越门、窗和墙。胶管应在灶具灶面以下自然垂落，与灶面保持 10cm 以上距离，以免烤焦胶管酿成事故。注意经常检查软管有无松动、脱落、龟裂变质。使用期超过两年的应当更换。

（15）教育儿童不要玩弄燃气灶具开关。

（16）发现室内燃气设施或燃气器具等发生泄漏，请按以下步骤操作：

① 立即关闭燃具开关及燃具前管道上的开关；

② 迅速打开门窗，最大程度让室内通风，降低室内燃气浓度，切忌开启排气扇，以免引燃室内混合气体，引起爆炸；

③ 不得使用任何燃气器具，不得带入任何火星，脱下化纤类服装时，不能过快，防止物体撞击产生火花引起爆炸；

④ 杜绝火种的产生，绝对不能在室内开启各种电器设备（如照明灯、门铃）或使用电话，切断户外总电源；

⑤ 在室外安全地点，拨打燃气公司 24 小时报修抢险电话；

⑥ 如果发现邻居家有燃气泄漏，不要按门铃，应敲门告知，安全疏散室内人员，如已有人员中毒，应尽快移至空气清新处进行心肺复苏或通知 120；

⑦ 一旦有人出现煤气中毒症状（如头痛、恶心、呕吐等），应马上把中毒者置于通风良好的环境下，并尽快送到医院进行治疗。进入高压氧舱治疗是重度煤气中毒者的首选治疗措施。

3. 发现燃气计量异常应如何处理

燃气计量纠纷是指因供气企业与用户对燃气表准确性及其计数数据存在争议而引发的纠纷。

燃气用户发现燃气用量有异常，应按如下程序进行处理：

（1）核对自身近期的用气设备、用气习惯是否改变，收集前阶段或往年同期燃气的消费量或消费账单，供核查时作参考。

（2）用户对燃气表的计量性能有异议时，不可擅自将燃气表拆下，可以通过两种途径来处理：第一种途径是用户向供气企业反映，由供气企业计量检定部门检测燃气计量装置是否准确。因为根据相关规定，供气企业计量检定部门被授权可以进行燃气计量检定，其上级主管部门及质量技术监督部门对其进行严格考核、监督，以保证其检测结果的公平性和公正性。第二种途径是用户直接向质量技术监督部门投诉供气企业燃气计量装置存在问题，由质量技术监督部门委托第三方对燃气计量装置的准确性进行检测。如果用户对供气企业计量检定部门检测的结果不服，可向供气企业上级计量检定机构申请检定；也可再向质监部门投诉从而转入第二种途径。

（3）燃气表计量不准有可能是由于表本身的质量问题，不正规的厂家由于生产技术和工艺的局限，导致表的配件等达不到要求，精确度也受到很大的影响，所以选择燃气表的时候一定要选准可靠的商家。另一个原因是燃气表损坏，这可能是用户使用不当导致燃气表损坏，请更换新表并小心使用；还可能是燃气表达到使用年限，虽然表还能用，但是却已经老化，应该及时更换燃气表。根据国家有关规定，以天然气为介质的民用皮膜表的使用年限为 10 年，达到使用年限需要更换的燃气表，燃气公司将统一免费更换；使用人工燃气、液化石油气为介质的燃气表使用期限一般不超过 6 年，到期更换。

（4）如对燃气供气单位的解决方案不接受，可直接向燃气表计量检定技术机构提出燃气表检定申请，根据检定结果再与燃气供气单位商议解决方案。

（5）如根据检定结果，双方仍无法达成一致意见的，用户可向燃气主管部门、消费者权益保护委员会、计量行政管理部门反映情况，或直接向政府计量行政管理部门申请仲裁检定或计量调解。

（6）当事人一方已向人民法院起诉的，政府计量行政部门不再受理另一方的仲裁检定或计量调解申请。

（由热工流量与过程控制研究所何艺超、白玉莹撰稿）

39 如何确定室内暖气片的数量?

寒冬腊月，屋内是否暖和是老百姓关心的问题。室内温度是否合适的重要因素之一就是“暖气”。如何挑选适合自己家的暖气呢？对于非专业的用户而言的确困难。用户一般挑选暖气时，多数考虑的是房屋面积和安装空间，但不能确定暖气产品的大小或者暖气片的数量是否适合自己家的情况。如何确定暖气产品的大小或者暖气片数量就成为用户冬季取暖最大的问题。

1. 暖气产品应该提供哪些产品信息

看看商场中的暖气产品，每个产品都标有制造厂商标、产品型号、合格证，合格证上还印有制造厂名称、产品名称及规格、型号、外形尺寸、工作压力、本批产品检验时间、检验员标记和出厂日期；再看看使用说明书，有流道壁厚、标准特征公式、散热器重量及金属热强度、水容量、安装要点、工作环境适用水质和使用要求。

这么多信息，该怎么选择呢?

2. 如何计算暖气片的数量

如果按热力学精确计算，确实很复杂，但估算其实很简单，主要分三步：确定需要安装的房屋面积；计算所需热能，即所需瓦（W）数；计算暖气片数。

以一间使用面积 15m^2 的房间为例进行计算：

（1）所需安装房屋面积：使用面积为 15m^2；

（2）计算所需热能：

计算所需热能，需要知道房屋散热情况。这一般由专业的暖通人员才能具体计算出来，不过，家庭采暖需求量有经验数据，即一般住宅为 40W/m^2~70W/m^2，单层住宅为 80W/m^2~105W/m^2。

因此按一般住宅的最大采暖需求量 70W/m^2 计算，15m^2 所需热能（Q）为：

$$Q = 70 \times 15 = 1050\ (\mathrm{W})$$

（3）计算暖气片数：

主要用到暖气产品的一个关键性参数：标准特征公式或者标准散热量。

标准特征公式是依据国家标准 GB/T 13754—2008《采暖散热器热量测定方法》进行计算。

标准特征公式：

$$Q = K_{\mathrm{M}} \cdot \Delta T^{n}$$

式中：

Q——散热器散热量，单位为瓦特（W）；

ΔT——过余温度，单位为开（K）；

K_M，n——针对散热器型号的常数，用最小二乘法得到。

比如：$Q = 5.8259 \times \Delta T^{1.2829}$

当暖气的进水温度为 70℃、出水温度为 50℃、环境温度为 18℃，则该型号暖气的散热量为：

$Q = 5.8259 \times [(70+50)/2-18]^{1.2829} = 5.8259 \times 42^{1.2829} \approx 704$（W）

如果该型号的暖气是由 8 片暖气片组成，简单计算为每片暖气片释放 88W 的热量，而 15m^2 的房间需要 1050W 的热量，因此对于此特性的暖气，该房间需要安装由 12 片暖气片组成的暖气产品。

但是，此计算方法并非适用于所有住宅的整个空间，按照 GB/T 13754—2008 中测定方法的规定，其测试空间的净长度为（4±0.2）m，净宽度为（4±0.2）m，净高度为（2.8±0.2）m。

测试时空气温度采集点在测试空间的中心轴线上布点有两种：基准点为距地 0.75m，测量误差为 ±0.1℃；其他测定的点为距地 0.05m、0.5m、1.5m 和距顶面 0.05m 的 4 个点。另外还附加有在每条距离相邻墙面 1m 的垂直线上距离地面 0.7m 和 1.5m 高的两点（共 8 点），测量误差为 ±0.2℃。测试时间至少为 0.5h。

因此，如果使用面积大于 16m^2 或者房屋净高度高于 2.8m 的空间，应考虑暖气的分布情况。

（由热工流量与过程控制研究所王铁巍、桑素丽、滕梓洁撰稿）

40 供暖分户计量到底能不能省钱?

这个问题确实很难回答，从用户角度来说，只能回答为“不一定”。

1. 分户计量一直说“好”，其“好”在哪里?

分户计量基于分户收费原则，即：按照家庭实际使用“热能”进行缴费。相对于传统缴费而言，分户计量更能体现出“多用热，多缴费”的节能理念；传统用热收费仅仅依据房屋面积而言的“一刀切”方式，既不能满足用热用户的实际需求，也不能说明供热方的种种问题。

2. 分户计量是否省钱，为什么对用户而言就是不一定呢?

既然是按照分户计量收费，也就是按照用户实际“用热”收费。

先说每个人的体感温度不同。即有的用户喜欢温度高些，一般为家里有老人或者儿童的用户；有的用户喜欢温度低些；还有些如投资型用户，可能根本不“用热”。喜欢温度“高”的用户自然就要多缴费，喜欢温度低的用户或者根本不“用热”的用户就省钱了。

再说楼房的位置。楼房所处的空间位置不同会造成用户缴费不同。由于天然的热源——“太阳”的存在，其照射时间的长短也决定用户缴费的多少。照射时间长的房间，本身就会比照射时间短的房间的温度高，因此同样的房间温度条件下，太阳照射时间长的房间，一般情况下比照射时间短的省钱。

3. 当然也有不一定的可能性！这就跟楼房保温相关了！

没有太阳的条件下，房间周围的热流量分配情况也会影响用户的热损耗，从而影响用热量。比如接触外部空气多的房间比内部房间的温度低，用热就会多；某房间周围有空置房，或周围有住户不用热，或将阀门调小，也会增大该房间的热损耗，从而造成用热多；建筑物本身保温设计和保温材料的质量也会影响热损耗，从而影响各个房间的用热量。

以上情况都会成为“分户计量是否省钱”的重要因素。然而就总体而言，分户计量供暖比自采暖更省钱，而且更省资源和能源，因此提倡分户计量更有益于满足用户的用热需求。

（由热工流量与过程控制研究所王铁巍、桑素丽、滕梓洁撰稿）

41 家里无人也能知道水表走字数?

抄表员没到过用户家里肯定是不知道其具体用水量的。自来水公司或物业通用的解决办法是估数，一般分两种情况：一种情况是，认为用户家中每月的用水量是基本稳定的，根据每月的大致用水量确定本月的用水量；另一种情况是，以某区域总用水量减去已知用户用水量，得出未知用户（因某种原因没能入户抄表的用户）用水量，再除以未知用户数量，比如有 3 家，就除以 3，得出该月未知用户的用水量。

当然这个用水量是不准确的。但是由于水费单价调整并不频繁，短时间内用户用水的价格几乎相同，因此先缴费与后缴费是一样的，并且抄表员在下个月查表后会将估数的误差进行修正，下面举例说明。

假设用户家中二月份的水表读数为 1015，一月份的水表读数为 1000，也就是说用户二月份的用水量为 15m^3。因为没能入户抄表，物业或自来水公司估算用户的用水量为 20m^3，抄表员会把用户的水表底度记为 1020，换句话说，你要预先缴纳 5m^3 的水费。当三月份查表时用户家中水表读数为 1030，即三月份的实际用水量为 15m^3，抄表员会把用户的水表底度记为 1030，而用户只需缴纳 1030−1020 = 10m^3 的水费就可以了。

（由热工流量与过程控制研究所李晨、李晶晶撰稿）

交通出行

42 网约车计费准吗?

网约车是在互联网和智能手机的普及下产生和发展起来的新型汽车租赁业态。随着互联网和智能手机的普及，网约车改变了出租车司机的等客方式，让司机师傅使用手机等待乘客“送上门来”。

网约车打车原理与电话叫车服务类似，即乘客在手机中告知司机自己想去的地方或输入当前具体的位置和要去的地方。用车信息会被传送给离乘客较近的司机中，司机可以在手机中一键抢应，并和乘客联系。打车软件根据手机 GPS 或其他定位系统进行定位和导航，计算汽车行驶的公里数、等时费用、全程所花费时间，最终得出总价格。在交易过程中，网约车由于没有类似出租车那样的计价器，包括时间、距离及价格等信息均由平台软件自动计算，可以说整个支付系统均由软件来完成。目前网约车已经成为市民出行的重要选择。

为了规范网约车的发展，交通运输部、工业和信息化部、公安部、商务部、国家工商总局、国家质检总局和国家网信办于 2016 年 7 月 28 日联合发布了《网络预约出租汽车经营服务管理暂行办法》。在公布该暂行办法的同时也对相关部门提出要求，制定相应的法规和要求去规范行业的有序健康发展。由于网约车是一个新兴事物，目前在国内外还未有相关机构开展对网约车计程计时准确与否的检测。

1. 网约车的计量原理

目前滴滴（优步）、易到、神州、首汽等几家大型网约车平台的计程原理基本相同，均是使用移动卫星导航装置完成计程计时，继而进行贸易结算。移动卫星导航装置由手机卫星定位模块和 APP 软件构成，即网约车司机手机中的卫星定位模块通过卫星对车辆行驶里程、时间等信息进行采集，如无法接收卫星信号，则通过 wifi、移动基站等采集，在手机中计算或者将信息上传至网约车服务平台，由平台完成计算。网约车行驶过程中以 3s/ 次、2s/ 次等频率采集、上传定位信息，通过积分累加获得里程。网约车运营服务平台将采集、上传的定位信息进行分析和处理，将结算里程等信息推送到手机 APP 软件。网约车计时是司机手机将接单、结束的动作上传平台服务器，由平台服务器完成计时。

2. 网约车的计量问题及误差来源

(1) 定位误差

定位误差主要包含定位采集终端（即手机）采集定位信息带来的误差。

手机定位服务也称基于位置的服务（Location Based Service，LBS）。它是利用移动运营网络平台及定位相关设备，获取终端移动用户位置信息，并通过在网络上的电子地图平台为终端用户提供位置信息（经纬度坐标数据）服务的一种增值业务。这种定位技术是基于移动运营商信号基站的定位，利用手机上的 GPS 定位模块将自己的位置信号发送到定位后台来实现手机定位，同时通过测算基站与手机的距离来确定手机的位置。

网约车计程的第一步是获取定位点，目前平台公司对定位点的选取原则是根据定位采集终端（即手机）的定位数据，基于平台业务要求的时间间隔，给出精度最高的一个点，这个点是依据 GPS 或基站或 wifi 等多种定位方式融合计算得出。如果根据以上原则无符合要求的点，则放弃该点的选取。

如果手机离基站距离过远，地面增强效果就会很差，定位精度会大幅度下降。内置陀螺仪的手机，可以通过陀螺仪来增强精度，但是即使地面增强效果好，定位精度误差也只能到 5m 左右。而且一般的手机在定位过程中抵抗干扰的能力非常差，遇到桥梁、隧道，或者遭遇恶劣的天气都会因失锁而导致位置信息出现偏差。手机定位的精度将直接影响网约车计程的准确性。下图中分别为在同一地点使用 A 地图和 B 地图定位的结果。

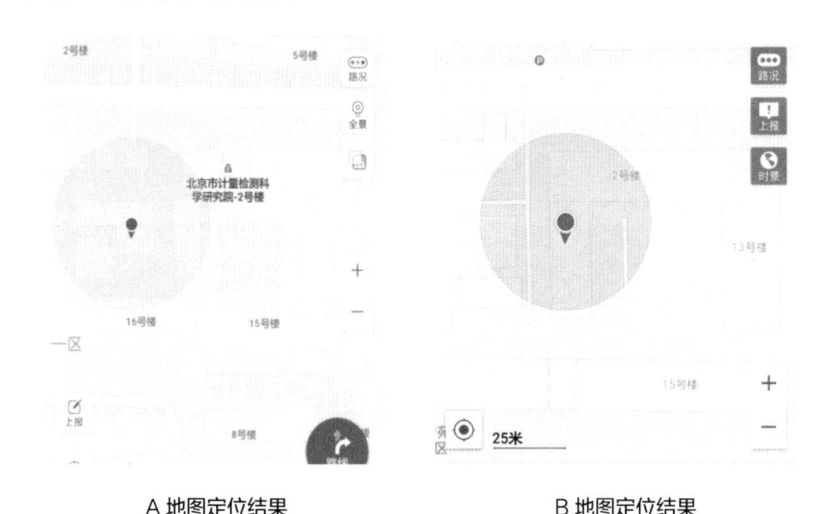

A 地图定位结果　　　　B 地图定位结果

（2）平台修正误差

有的网约车平台公司会依靠自主研发的里程计算软件修正轨迹带来的误差，获得更好的计程精度。

在定位采集终端（即手机）获取定位点后，平台会在实时计费过程中过滤异常点，基于过滤后的点进行计算，每两个点之间按直线计算，如果两个点之间丢点距离达到系统设置的阈值，会使用两点的坐标对应的地图上的距离作为两点之间的距离。

（3）地图数据带来的误差

目前主流的网约车软件所使用的地图数据主要包括百度地图、高德地图及腾讯地图。这些地图厂商的数据精度并非完全一样，甚至同一家地图厂商的数据，在不同的位置，精度也不一样。

网约车在行驶过程中，如果遇到桥梁、隧道等卫星信号不好的地方，就会出现轨迹信息丢失现象，网约车软件一般会将轨迹丢失前后两个轨迹点制作成一条直线，并且与地图上的道路进行匹配。如果地图数据不准，将会导致这条直线的长度出现很大误差。

目前滴滴（优步）、易到、神州、首汽等公司的服务平台均利用互联网技术为分布在全国多个城市的网约车提供里程、时间、轨迹路线的计算、修正、存贮、仲裁、管理等服务。各网约车服务平台采用不同的计程计时计算、修正算法，直接导致网约车贸易结算依据的里程和时间信息不同。服务平台所采用的算法是否准确直接影响到网约车计程计时结果的准确性和可靠性。

3. 计量对网约车发展的作用

计量技术可以采用组合定位高精度全球导航卫星系统（GNSS）接收机等技术方案帮助网约车平台公司提升计程计时技术，保障百姓交通出行的贸易结算公平公正，提高政府计量管理部门的监管能力，同时融合互联网、大数据技术，建立在线计量服务能力，提升计量信息化水平，为网约车新业态提供准确、高效、便捷的计量保障服务。

网约车已经成为百姓出行的重要交通工具之一，仅滴滴平台目前已经服务于全国 400 多个城市，每日订单量达到 1700 万以上。其用户数量目前已增长至 3 亿人次。网约车计程计时计量将为巨大的贸易结算额提供准确、公正的依据，为整个行业的健康发展和规范管理提供技术支持和保障。

（由电磁信息与卫星导航研究所康婷婷、黄艳撰稿）

43 “吹口气”就能判定喝了多少酒吗?

“吹口气”就能判定喝了多少酒吗？答案是肯定的，呼出气体酒精含量探测器（简称酒检仪）就可以做到。只需吹上一口气，酒检仪就可以判断是否喝了酒、喝了多少酒、是不是醉酒。酒检仪是交警查酒驾的好帮手，同时有记录上传的功能，准确率也很高。

1. 什么是酒检仪

酒检仪是公安交通部门现场检测车辆驾驶人员呼气中酒精含量并快速判断其是否酒后违章驾车的重要工具之一（如下图所示），用来检测人体是否摄入酒精及酒精摄入量为多少的仪器。

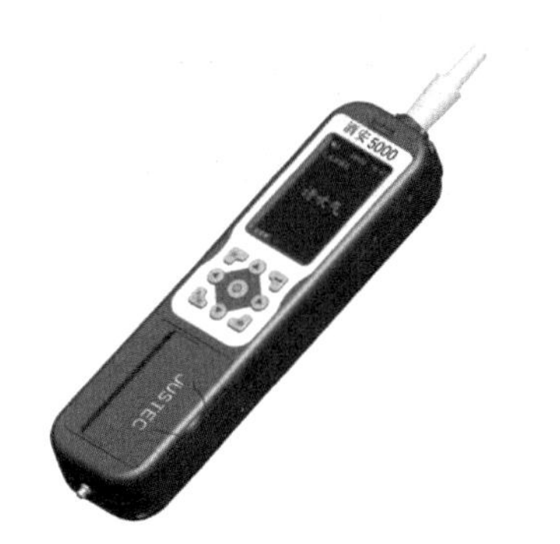

两款呼出气体酒精含量探测器

2. 用途

酒检仪可以用于判断车辆驾驶人员是否酒后驾车。通常酒后驾车的检测有两种方法：一种是检测人体的血液酒精浓度，一种是检测呼气酒精浓度。从理论上说，要判断是否酒后驾驶，最准确的方法应该是检查驾驶人员血液中的酒精含量。但在违法行为处理或者公路交通例行检查中，要现场抽取血液往往是不现实的，最简单可行的方法是现场检测驾驶人员呼气中的酒精含量。

使用酒检仪检测时，要求被测者口含吹管呼气，如果被测者深吸气后以中等力度呼气达 3s 以上，呼气中的酒精含量与血液中的酒精含量关系为：血液酒精浓度 = 呼气酒精浓度 ×2200。式中 2200 为系数。由于各国的情况不同，系数取值不同，美国采用 2000，欧洲多采用 2100。全世界几乎所有国家都采用呼气酒精测试仪对驾驶人员进行现场检测，以确定被测者是否是酒后驾驶。如果驾驶员呼出气体的酒精含量超过所规定的限量，仪器就会显示，交警将检测结果打印出来，以书面形式通知被测者，并让被测者当场签字认可，以此作为对该驾驶员处罚的法律证据。

酒检仪也可以用于高危领域禁止酒后上岗的企业，企业用的并非便携式，而是壁挂式的酒精检测仪。壁挂式较便携式来说具有使用方便、检测速度加快、精准度高的好处。为了更加适合企事业单位使用，壁挂式酒精检测仪增加了刷卡考勤、语音报警等一系列功能。

3. 类型

可以对气体中酒精含量进行检测的设备有五种基本类型，即：燃料电池型（电化学型）、半导体型、红外线型、气体色谱分析型、比色型。但由于价格和使用方便的原因，常用的只有燃料电池型（电化学型）和半导体型两种。

4. 检定溯源

为保证呼出气体酒精含量探测器检测数值的准确性、可靠性，国家计量行政部门将其列入强制检定计量器具目录，检定规程规定检定周期为六个月。换言之，只有在检定有效期之内的呼出气体酒精含量探测器出具的检测数据才是有效的。

5. 使用建议

（1）建议最好在喝酒 20min 后测试。这是因为酒精通过消化系统被血液吸收需要大约 20min，口腔里的剩余酒精也需要大约这么长时间消散。

（2）避免在大风环境下或空气污浊的封闭房间里测试。

（3）不要把香烟的烟气吹进仪器，这样会损坏传感器。

（4）禁止往气孔内吹烟雾，气孔内不能进入液体，不要堵住出气孔。

（5）黄灯亮表示电源电压偏低，需更换电池。

（由化学分析与医药环境研究所尹冬梅撰稿）

44 谁在监控你的车是否超速?

随着我国综合国力的增强，人民群众日益富裕，汽车逐渐进入了千家万户，成为老百姓日常生活中不可缺少的一部分。汽车在带给我们便利的同时，也会带来一些烦恼：有些车友们会收到超速罚单。根据我国道路安全法的相关规定，对于机动车驾驶员的超速行为，轻则扣分、罚款，重则吊销驾驶执照。大家不禁要问“究竟是谁在监控我的车是否超速呢？”

众所周知，超速是造成道路安全事故的重大隐患之一，为了遏制机动车超速的违法行为，保障公众的人身、财产不受损失，交管部门在一些重要路口对车辆进行限速控制，各种类型的自动测速系统得到了广泛的应用，大幅提高了交通执法的智能化，节省了警力，为交通违章处罚提供了准确的依据。

目前我国采用的机动车超速自动监测系统依据测量原理不同可以分为：雷达原理测速仪、激光原理测速仪、地感线圈原理测速仪及区间测速仪等。雷达原理测速仪主要利用了多普勒效应（Doppler Effect）原理：当目标向雷达测速仪靠近时，反射信号频率将高于发射机频率；反之，当目标远离天线而去时，反射信号频率将低于发射机频率。如此即可借由频率的改变数值，计算出目标与雷达的相对速度。激光原理测速仪则是利用激光测距的原理，通过对被测物体进行两次有特定时间间隔的激光测距，取得在该时段内被测物体的移动距离，从而得到该被测物体的移动速度。地感线圈原理测速仪则是利用经过两条与车行方向垂直且之间距离一定的地埋感应条的时间差来计算出车子的时速。区间测速是利用了一个计算平均车速的简单原理，只需测算距离与通行时间就可以换算出有没有超速行为。大家不禁要问“如何保证这些测速监控系统是准确可靠的呢？”依据《计量法》的相关规定，用于道路交通执法的测速仪器属于强制检定的工作计量器具。换句话说，只有经过法定计量检定机构检定合格，并在检定周期内的测速监控系统才可以用于道路交通执法，采集的数据才是有效的。目前，我国主要依据 JJG 527—2015《固定式机动车雷达测速仪》和 JJG 528—2015《移动式机动车雷达测速仪》及相关的激光测速仪检定规程、地感线圈测速系统检定规程等国家计量检定规程对用于道路交通执法的测速监控系统进行强制检定。规程中详细规定了检测方法、检测项目、检定周期等内容，同时规定测速监控系统现场测速误差须为负误差，即：测速监控系统的实测值应不大于标准速度值，从而避免了正误差带来的误判。综上所述，经过检定合格的测速监控系统采集的数据是准确可靠的，可以作为交通执法的依据。

测速监控系统作为道路交通执法的一种手段，有效地解决了警力不足的问题，减少了机动车超速行驶的违法行为，为公众的平安出行作出了贡献。罚款不是目的，测速监控系统的应用时刻提醒着广大车主应适速驾驶、谨慎驾驶，对自己、也对其他的交通参与者的安全负责。

（由机械制造与智能交通研究所赵强撰稿）

45 出租车计价器的“偷手”在哪?

1. 出租汽车计价器用途

出租车计价器是一种专用的计量器具，它安装在出租车上，能够测量车辆行驶的里程和低速等候的时间，并依据乘客打车行驶的里程和低速等候的时间自动计算并显示乘客应付给司机的租金。

随着科学技术的发展，目前的计价器不仅是贸易结算的工具，而且具有很多附加的管理功能，如发票打印功能、一卡通功能、语音报话功能等。

2. 计价器的组件及功用

出租车计价器一般由本机、里程测量传感器、空重车转换装置三部分组成（如下图所示）。

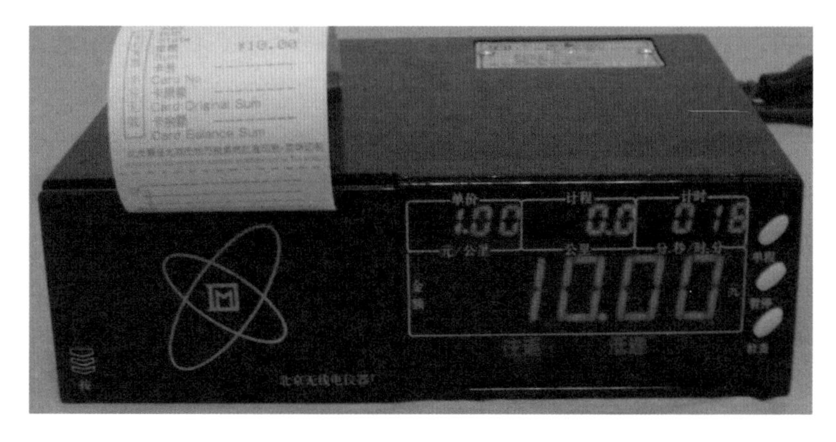

本机

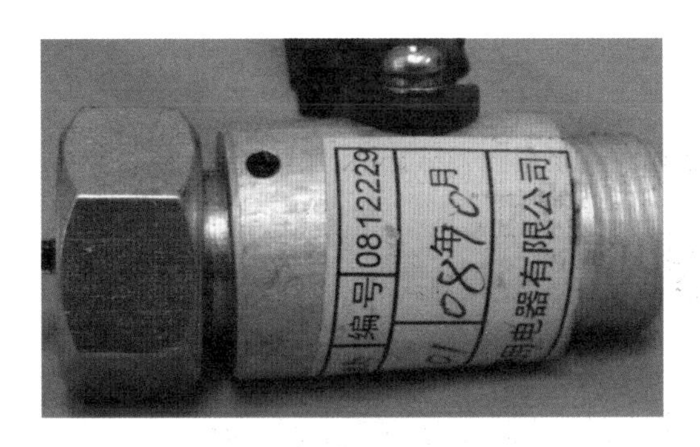

里程测量传感器

空重车转换装置

（1）本机

用于测量打车时低速等候时间的时间测量单元、实现计程信号处理运算的计量 CPU 及实现显示、打印、一卡通等各种功能的其他电子元器件均集成在本机机壳内的主电路板上。

（2）里程测量传感器

该组件能够直接将出租车变速器或驱动轮的转动信号转换成计价器可识别的脉冲信号并输入计价器本机，从而计量乘客打车行驶的里程。

（3）空重车转换装置

空重车转换装置是出租车运营状态的转换开关。该装置竖起，出租车处于空车状态，乘客在车外可以看到“空车”两个字，可以打车；该装置翻下，出租车处于运营（载客）状态。

3. 带你认识计价器

为了明白消费，便于乘客监督计价器的计费，国家计价器技术标准对计价器显示屏的设置有明确的规定：计价器的显示屏应按计价项目设置，并应按自左至右或自上而下的设计方式依次排列单价屏、计程屏、计时屏，金额屏应位于接近中间的位置，还应有运营状态屏。

计价器显示屏

（1）单价屏

单价屏显示当前运营状态的每公里租金，单位为元 / 公里。

（2）计程屏

计程屏显示运营里程，单位为公里。

（3）计时屏

计时屏显示低速运营的计时累计值（从 0 秒开始显示）。四位计时时间显示的计价器，单位为分 . 秒 / 时：分；国际通用的六位计时时间显示的计价器，单位为秒：分：时，也可以不标识单位。

（4）金额屏

显示乘客打车应付的费用，单位为元（人民币）。

（5）状态屏

显示乘客打车时，出租车的运营状态。计价器至少应显示“单程”“往返”“低速”“夜间”“暂停”五种状态。

4. 与出租车计费相关的几个术语

（1）起程

租用车辆的最低计价里程。如北京市出租车起程为 3 公里。出租汽车行使到起程点（3 公里）时即变价（第一次增加金额）。

（2）续程

起程后，计价的最小里程为续程，每到达这一续程点时即变价。如北京市出租汽车的续程为 0.5 公里。

（3）计时

出租车低速行驶时计价的累计时间为计时。如北京市计时每累计 2 分 30 秒加收 0.5 公里的租金。车速等于或低于 12 公里 / 时即为低速。

（4）夜间

按运营规定的夜晚起止时间。如北京市从 23 时至次日 5 时为夜间。

（5）加价

规定条件下加收的租金为加价。如北京市规定出租车在夜间运营状态时加价 20%，在单程运营状态，从单程加价里程点（15 公里）开始，加价 50%。

5. 出租汽车的五种运营状态

出租车在运营过程中，计价器的状态屏必须显示当前的运营状态，以下五个状态与计费密切相关：

（1）往返

租用车辆从起点到达目的地后再返回起点的运营收费方式。在往返状态下，运营里程即使超过单程加价公里，也没有单程加价。

（2）单程

租用车辆从起点到目的地后，不再返回起点的运营收费方式。在单程状态下，运营里程超过单程加价里程点后，要加收相应的租金。

（3）低速

车辆等于或低于切换速度（12 公里 / 时）的状态。出租车在低速运营状态下，既计程又计时。

（4）夜间

按运营规定的夜晚起止时间（不含终止时间）。车辆进入夜间运营状态后，要加收相应的租金。

（5）暂停

暂时停止计时的状态。在出租车运营过程中，因为非乘客的原因需要短时停车，这样不能向乘客收取等候计时的费用，因此这种情况下出租车应进入“暂停”状态。

6. 计价器的法制管理

出租车计价器是出租汽车经营者和消费者间进行贸易结算的计量器具，其量值准确与否，直接关系到经营者和消费者的经济利益，是我国计量法中规定的强制检定的计量器具。影响计价器准确度的因素较多，如汽车传动系统及轮胎的磨损等。因此，为了保证计价器的准确可靠，国家技术法规《出租汽车计价器检定规程》规定计价器的检定周期为一年。在一年之中若发现计价器异常、修理车辆传动系统、更换驱动轮轮胎，则应及时回到检定机构重新进行检定。

7. 计价器主要的作弊方法

（1）输入非法脉冲

计价器依据里程测量传感器发出的脉冲来计数，脉冲数的多少决定了出租车行驶里程的多少。作弊者利用这一原理，使用“脉冲发生器”额外向计价器输入“非法脉冲”。输入的非法脉冲的量和时间可用遥控装置控制。

（2）修改决定计价器快慢的计量参数 K 值

这种方法较为隐蔽，不宜察觉，但需破坏计价器的封印，会留有痕迹。

（由机械制造与智能交通研究所于宝良撰稿）

46 如何判定货车超载?

在日常生活中，经常能看到各式各样满载的货车在公路上行驶，摇摇欲坠的态势让人避而不及。根据交通运输部《2015 年交通运输行业发展统计公报》数据显示，2015 年全国拥有载货汽车 1389.19 万辆，其中近 90% 的货车存在一定程度的超载现象。货车超载严重破坏公路基础设施，缩短公路的使用寿命；极易诱发大量的道路交通事故，危害人民生命财产安全。据统计 70% 的道路交通事故是由于车辆超载引发的，50% 的群死群伤事故、重大道路交通事故与超载有直接关系；超载车辆由于车速较慢，长时间占用车道，直接影响道路的畅通。

货车超载危害大

为了避免货车超载上路行驶，交通执法人员通过称重方式来甄别超载货车，选用检定合格并在有效期内的汽车衡作为判别的计量器具。汽车衡俗称地磅，20 世纪 80 年代初期，常见的汽车衡一般是利用杠杆原理纯机械构造的机械式汽车衡，也称作机械地磅；20 世纪 80 年代中期，随着高精度称重传感器技术的日趋成熟，机械式地磅逐渐被精度高、稳定性好、操作方便的电子汽车衡所取代。电子汽车衡种类繁多，现阶段用于判别货车超载的电子汽车衡按称重原理主要分为静态电子汽车衡和动态电子汽车衡。电子汽车衡主要由承载器、称重显示仪表和称重传感器组成（如下图所示）。货车静止或缓慢通过承载器台面，在重力作用下，通过承载器将重力传递至称重传感器，称重传感器将压力信号转换处理后在称重显示仪上显示数值。

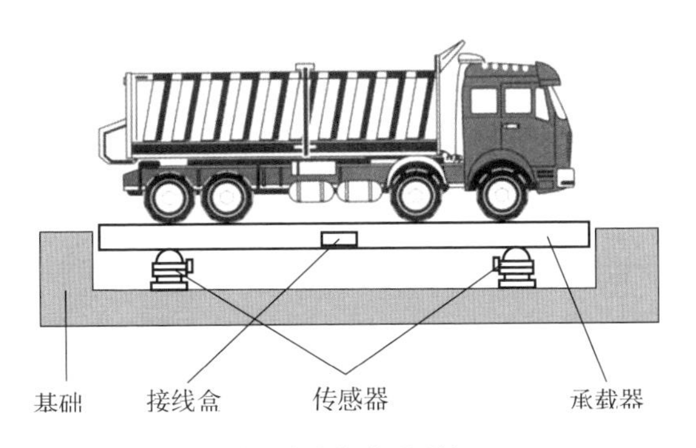

电子汽车衡称重系统

国家标准化管理委员会最新发布的 GB 1589—2016《汽车、挂车及汽车列车外廓尺寸、轴荷及质量限值》中对货车总质量限定如表 1 所示：

表1　常见货车最大允许总质量限值

车辆类型	最大允许总质量限值 /kg
二轴货车	18 000
三轴货车	25 000
三轴汽车列车	27 000

续表

车辆类型	最大允许总质量限值 /kg
四轴货车	31 000
四轴汽车列车	36 000
五轴汽车列车	43 000
六轴汽车列车	49 000

交通执法人员依据电子汽车衡的称重数值，按上述要求对货车是否超载进行判定。用于称重使用的电子汽车衡，按照计量法要求必须由法定授权的计量技术机构实施检定，检定周期最长为一年。

多年来，交通部门不断加大治理货车超载的力度并取得了明显成效，但超载问题仍十分突出，由此引发的重大交通事故时有发生。2016 年 8 月交通运输部会同工业和信息化部、公安部、国家工商总局、国家质检总局联合召开“全国治理货车非法改装和超限超载工作电视电话会”，会上印发多项治超相关的法律法规，并将开展为期两年的专项治理工作。其中对超载货车实施“一超四罚”，对货车司机除了经济处罚，还要罚分。这是我国公路治理超载超限行动中首次使用罚分处罚，堪称“史上最严治超措施”，标志着我国治超进入新纪元。

（由机械制造与智能交通研究所乔磊、陈一蒙撰稿）

47 “红绿灯”有什么计量功能?

1. 什么是红绿灯

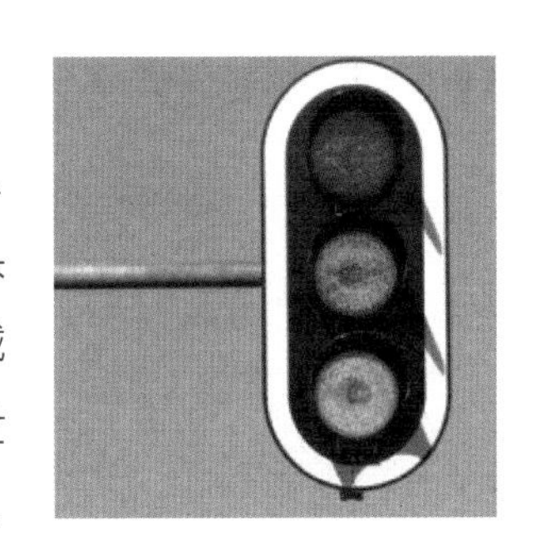

红绿灯又称交通信号灯，由红灯、绿灯、黄灯组成。1858 年，在英国伦敦主要街头安装了以燃煤气为光源的红、蓝两色的机械扳手式信号灯，用以指挥马车通行，这是世界上最早的交通信号灯。交通信号灯的出现，使交通得以有效管制，对于疏导交通流量、提高道路通行能力、减少交通事故有明显效果。1968 年，联合国《道路交通和道路标志信号协定》对各种信号灯的含义作了规定。绿灯是通行信号，面对绿灯的车辆可以直行、左转弯和右转弯，除非另一种标志禁止某一种转向。左右转弯车辆都必须让合法地正在路口内行驶的车辆和过人行横道的行人优先通行。红灯是禁行信号，面对红灯的车辆必须在交叉路口的停车线后停车。黄灯是警告信号，面对黄灯的车辆不能越过停车线，但车辆已十分接近停车线而不能安全停车时可以进入交叉路口。此后，这一规定在全世界开始通用。

2. 红绿灯为什么要进行检测

我们这里主要针对机动车展开来说。机动车违反交通信号灯红灯亮时禁止通行的规定，越过停止线并继续行驶的行为定义为机动车闯红灯行为。对机动车闯红灯行为进行自动监测和记录的系统，定义为闯红灯自动记录系统。如果存在技术监控设备不合格、设置欠科学、管理不规范等弊端，就会影响执法的准确性、公平性和公正性。群众利益被损害，执法部门的形象也将会受到严重影响。《道路交通安全违法行为处理程序规定》

第十五条规定："公安机关交通管理部门可以利用交通技术监控设备收集、固定违法行为证据。交通技术监控设备应当符合国家标准或者行业标准，并经国家有关部门认定、检定合格后，方可用于收集违法行为证据。"

3. 红绿灯的一些计量功能

我们来介绍一下闯红灯自动记录系统的几个基本计量功能。

有效记录数：可清晰辨识号牌号码、车辆类型、交通信号灯红灯、停止线、导向车道线、车辆行驶方向的记录的数量。

记录有效率：系统的有效记录数与记录总数减去因自然或人为因素无法辨识号牌号码、车辆类型、交通信号灯红灯、停止线、导向车道线、车辆行驶方向的记录数之比。在适用条件下，记录有效率应不小于 80%。

闯红灯捕获率：系统的有效记录数与实际闯红灯数之比。在适用条件下，闯红灯捕获率应不小于 90%。

号牌识别准确率：号牌信息计算机自动识别正确的车辆数与号牌信息有效的车辆总数之比。日间车辆号牌识别准确率应不小于 90%；夜间车辆号牌识别准确率应不小于 80%。

计时误差：闯红灯自动记录系统 24h 计时误差应不超过 1s。

除了这些还有一些电气部件的要求等。其实，交通管理部门在道路上对车辆的违法行为进行监控、证据收集，并不是什么设陷阱，更不是为了抢钱，而是按照道路交通安全法规的规定和遵循科学规律来进行管理。目的还是为了保护广大车友和人民群众生命财产的安全。闯红灯很容易发生交通事故，害人害己！希望广大车友们重视。

（由机械制造与智能交通研究所沙硕、戴金洲撰稿）

48 如何用计量的眼光看二手车价值?

1. 概述

目前我国的汽车行业已进入了高速发展阶段，消费者购置二手车的数量在急剧增长，如下图所示 。

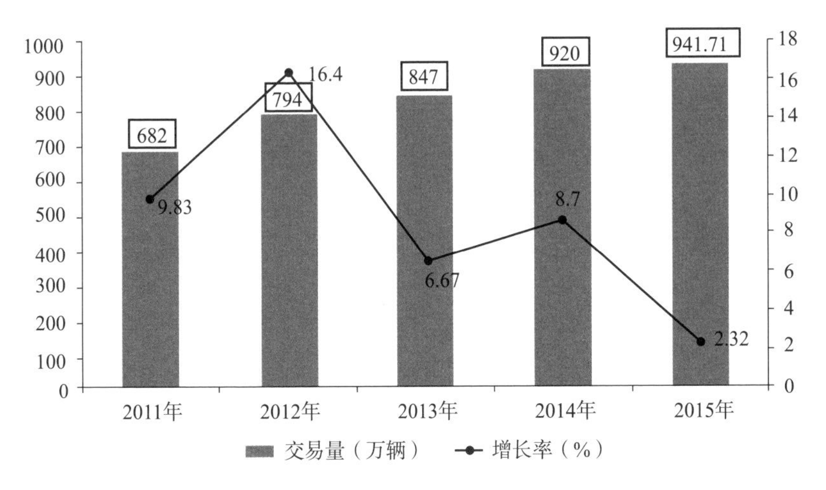

2011—2015 中国二手车市场年度交易情况

虽然我国二手车市场在日益壮大，但由于起步较晚，存在着很多不完善和不规范的地方。比如：一些二手车检测中心的检测技术不严格、不科学，难以保障车辆技术状况；二手车鉴定评估过程和结果不透明，形同虚设，给消费者带来了很大的困扰；二手车技术状况评估基本凭借鉴定评估师的主观判断，不同评估师的判断结果存在很大偏差；二手车交易前基本不做设备检测，二手车质量存在很大隐患；二手车行业各商家良莠不齐，市场价格也没有判定的标准。

因此，如何正确评估二手车的价值就成为了目前二手车交易市场面临的一个重大难题。

2. 什么是二手车价值评估

二手车是指从办理完注册登记手续到达到国家强制报废标准之前进行交易并转移所有权的汽车。

二手车价值评估是指根据二手车技术状况鉴定结果和鉴定评估目的，对目标车辆价值进行评估，主要评价方法为现行市价法和重置成本法。

2013 年，中国汽车流通协会起草制定了国家标准 GB/T 30323—2013《二手车鉴定评估技术规范》，开始依据国家标准规范二手车鉴定评估行为，其中规定二手车鉴定评估包含了技术状况鉴定和价值评估两个部分：

（1）二手车的技术状况鉴定是二手车鉴定评估的基础与关键，也是二手车公平交易的前提条件；

（2）二手车价值评估又分为现行市价法和重置成本法。任何一种评估方法，都是以车辆的实际技术状况为基础的，因此二手车价值评估很大程度上取决于二手车技术状况的确认。

3. 如何准确地看待二手车价值

无论消费者是在旧机动车交易市场还是网络平台（如瓜子网、人人车、车易拍）上购置二手车，二手车的检测报告均是按照 GB/T 30323—2013 出具的，但是该标准涉及设备检测方面的内容很少，仅有漆膜测厚仪、解码器、缸压测试仪、轮胎花纹测量仪等小型仪器，尚不具备测试二手车关键技术参数的大型专业设备，如四轮定位仪、大梁校正仪、底盘测功机、尾气分析仪、发动机综合分析仪等。如果这些重要参数不准确，则无法保证二手车的质量，还会带来很大的安全隐患。

所谓准确与否，指的就是计量。计量是指实现单位统一、量值准确可靠的活动，其在生活中无处不在，保障了我们生活的方方面面，二手车检测亦是如此。专业检测设备给出的数据取决于设备的准确性，设备必须经过计量合格后方可投入使用。

用计量的眼光看二手车的价值，重点在于以下六个方面：

（1）制动性能检测

制动性能直接关乎驾驶员的生命安全，因此二手车的制动性能必须符合 GB 7258—2012《机动车运行安全技术条件》中有关制动性能的要求，才能保障行驶安全。

（2）发动机功率检测

发动机是汽车的心脏，如果发动机的功率衰减很大，则会导致这类二手车的动力不足，价值大打折扣。如果发动机的功率低于出厂额定值的75%，则这辆二手车不符合 GB 7258—2012 中有关功率的要求，不能上路行驶，更不能交易。

（3）四轮定位检测

四轮定位仪是检测汽车主销后倾角、主销内倾角、前轮外倾角、前轮前束角、车轮外倾角、后轮前束角等主要技术参数的设备，如果检测不合格，则表明汽车在行驶过程中不能够直线行驶，直接影响驾驶员的操作，甚至威胁到驾驶员的人身安全。此类二手车需要进行维修。

（4）大梁校正检测

如果二手车经过剧烈碰撞，大梁会变形，会出现严重的安全隐患。因此，必须经过大梁校正仪检测合格后，方可进行使用。否则，汽车可鉴定为事故车，价值很低。

（5）灯光光强

二手车车灯的发光强度（cd）、光束照射位置、配光特性直接关乎驾驶员在光线不好的行车道路上的行车安全性，因此二手车必须经过灯光仪的检测合格后方可使用。

（6）尾气排放性能

汽车尾气排放直接关系到环境污染，因此必须对二手车进行尾气检测，尾气检测不合格说明二手车的尾气排放存在问题。

只有二手车的上述六项技术指标符合国家标准，二手车才具备比较大的价值，技术状况比较好，消费者购置此类二手车才比较划算。

4. 如何购买放心的二手车

二手车市场的交易量呈井喷式增长到逐步缓和的现象，说明消费者在购置二手车的过程中更加理性，也更加具备判别力。购买放心的二手车，需要消费者注意到以下几点：

（1）二手车的里程表公里数不“完全”代表汽车行驶的实际公里数，因为有些不法分子为了能够卖个好价钱，更改二手车的里程表。这就需要测试二手车的发动机功率，通过功率衰减状况看是否与里程表相符。

（2）不要被二手车的“新外表”所蒙蔽。有的二手车看起来七八成新，有的甚至是九成新，但不一定是价值高的车辆。有的车辆在泡水或发生事故后，可以通过先进的修复技术，“变”成“新车”。车的价值不只取决于外表，更应该关注车本身的性能。

（3）一定要对二手车进行全方位的专业设备检测，只有全部通过了检测，才能够说明二手车具备较高的价值。

（4）一定要学会用计量的眼光看二手车，只有这样才能不被“表面现象”所蒙蔽，做到“慧眼识车”。

（由机械制造与智能交通研究所邬洋撰稿）

49 你知道物体的长度和其运动状态是相关的吗?

你知道汽车在行驶后，其运动时的长度较其静止时的长度是会发生变化的吗?

大家可能不相信汽车的长度会在其运动后发生变化。但如果你熟悉相对论的话就不会感到惊讶了。在网络高度发达的今天，相对论这个名词相信大家都不会陌生。但是究竟相对论是什么，它是如何改变我们对世界的认识的，可能大家就不是很清楚了。以下我们就长度这个量在狭义相对论中的相关原理和应用给大家介绍一下。长度，是我们生活中最基本也是最必不可少的几何量，如人的身高、楼的高度、皮带的长度等。不过长度量测也不是想象中那么简单，比如皮带的长度如果不拉直是很难测量准确的。因此，有一门叫做微分几何的学科，就是专门研究曲线曲面如何进行描述、如何进行量度的。不过这个不是我们本文的主题。

本文主要是从狭义相对论的观点来看直线段的长度在不同的运动状态下（参考系下）是如何变化的。了解了这个，就不会对“汽车运动起来长度会变”这一说法感到奇怪了。直线段的长度是大家很熟悉的了，即线段两端端点间线段长度。这个长度在三维空间中定量的描述就是 $l_0=\sqrt{(x_1-x_2)^2+(y_1-y_2)^2+(z_1-z_2)^2}$ （其中 x，y，z 代表点 1,2 这两个端点在空间直角坐标系中的坐标值）。这个长度 l_0 在相对论出现之前，被大家认为是一个与运动状态（参照系）无关的量，即不论具有这一长度的实体如何运动我们测量出的长度都会是恒定的 l_0。但是，到了 19 世纪，物理学家们在了解了电磁场运动规律——麦克斯韦方程组（Maxwell’s Equations）后发现了一个与当时的常识相违背的结论：电磁波的传播速度在任何参照系下都是恒定值——光速。按传统的观点来看，当你在一列高铁车厢内行走时，在月台上的人看你行走的速度应该是高铁的速度与你在高铁车厢内行走速度之和，而在高铁上的人看你行走的速度就是你在高铁车厢内行走的速度。这两个人所观察到的速度之间自然相差一个列车行进的速度。但是，如果按照从麦克斯韦方程组得出的结论，那么一束光（电磁波）在相同的一列高铁上传播时，无论是在月台上的人还是在高铁上的人，大家看到光的传播速度都是一样的——即光速。当时，很多人都无法接受这一结论，于是对此进行了广泛而深入的研究。为了解释这一奇特的现象，大家还发明了一个奇怪的物理名词——以太（ether）用于承载光进行传播，并赋予它很多神奇的性质。在当时以太学说虽被很多科学家认可并接受，但也被喻为飘在物理学晴朗天空中两朵乌云中的一朵。彼时，两个年轻的科研人员迈克尔逊（Michelson）和莫雷（Morley）巧妙地通过迈克尔逊干涉仪测量出了光速在不同坐标系下的数值并确认了它们之间是没有差别的。这一实验彻底否定了以太的存在。同时，确认了光速的不变性。通过对光速不变性的确认和了解就可以得出狭义相对论中两个重要的结论：一个是尺寸收缩（length contraction），另一个是时间膨胀（time dilation）。这两个结论如何从时间不变性转变而来的细节大家可以参考《普通物理》教科书。这两个结论都是光速不变性的具体体现，是它的同义转述。尺寸收缩效应就是我们用来说明汽车为什么在跑起来时长度看上去会变短的原因。

尺寸收缩效应可以用以下关系式来描述：当物体以速率 v 运动时其长度 l 与其静止时的长度 l_0 满足以下关系，c 是光速。

$$l = l_0\sqrt{1 - \frac{v^2}{c^2}}$$

由此关系式我们可以了解当一个物体运动起来其长度是如何变化的。静止时长度为 1m 的尺在几种不同运动状态的尺寸收缩效应数据如表 1 所示。

表 1　静止时长度为 1m 的尺在不同速率的运动状态下长度的变化

米尺运动状态	速率 /（m/s）	长度变化 /nm
静止	0	0
超音速飞机速度	3.55×10^{2}	−0.000 697
第一宇宙速度	7.00×10^{3}	−0.272 145
第二宇宙速度	1.12×10^{4}	−0.696 765
第三宇宙速度	1.67×10^{4}	−1.549 575
跑车最大时速	1.13×10^{2}	−0.000 073

注 1：1nm ＝ 10^{-9}m，近似为 10 个氢原子直径之和。

注 2：负号表示长度缩短。

从表 1 中可以看出航天器能达到的最大速度所造成的长度尺寸收缩都是非常有限的。因此，这一变化在生活中是很难用肉眼观察出来的。但是，就是这一点变化，同样造成了奇特的物理现象——洛伦兹力。我们都知道洛伦兹力和库伦力相同的地方是受力物体都要带电，不同的地方就是洛伦兹力的受力物体不仅要带电而且还要运动。之所以要运动就是因为带电粒子只有运动后其相对论效应才能表现出来。最后，需要指出的是，既然物体长度会随着其运动状态发生改变，那究竟哪个状态下的长度才是一个物体的真实长度呢？这主要取决于你关心的是在何种状态下的物体长度。在目前的计量科学中，我们所给出的长度计量数据都是待测对象在相对于测量仪器没有相对运动的情况下获得的，即静止状态下的长度。不过，随着科学的发展以及人类需要，在未来的某天，我们或许会发展出待测对象在特定运动状态下的长度计量方法，例如通过天上的卫星来计量物体长度，这时相对论效应就成为必须考虑的因素了。

（由机械制造与智能交通研究所孟令川撰稿）

50 如何用计量的眼光看汽车高、低配差多少？

随着人们生活水平的提高，消费者对车辆的需求已不仅仅是简单的出行，而是对车辆性能、舒适程度等方面有更高的要求。因此汽车的生产厂家会针对同一款车型作出不同的调整，以让消费者有更多的选择，汽车的高、低配之差因此形成。

1. 用传统的眼光看汽车高、低配的区别

高、低配的区别在于车辆的各项功能配置不同。比如高配（顶级配置）汽车，按照原车设计的所有配置，都搭载在车上了，如真皮坐椅、真皮方向盘、多功能方向盘、DVD、导航、倒车影像、车身稳定系统、天窗等；而低配版本，基本上这些都没有了，只剩下一小部分基本配置，这是普通家用轿车高、低配置的区别。如果是豪车，那么高、低配置的不同就不是很明显了，外观上最容易看到的也就是车头和车尾的字标上的不同，以及一些外观组件的样式精致程度上的不同，内部配置区别不是很大，更多的差异是一些科技性很强的配置，如感应雨刷、自动驻车等功能。

2. 用计量的眼光看汽车高、低配的差异

汽车高、低配的差异不止在于内饰和一些辅助功能上，最直观地从数据上来讲，还存在排量、轴距等差异。

一般情况下同款车型有不同排量的选择，那么高配的排量就会大，发动机的性能就更好。排量是指发动机完成一个工作循环（进气、压缩、做功、排气）所排放的废气量。不考虑涡轮增压等技术，排量的大小直接反

映了发动机功率的大小，越高排量的汽车发动机能够输出的最大功率越大，汽车的动力也就越强，车辆的加速性能、爬坡能力就会越强。但相应地，排量越大，油耗也就越大。

有些车辆尾部会有“L”标识，表示轴距加长版本，这是和低配款不同的一点。轴距就是通过车辆同一侧相邻两车轮的中点，并垂直于车辆纵向对称平面的二垂线之间的距离。简单地说，就是汽车前轴中心到后轴中心的距离。

一些汽车会有长轴版本和标准轴距版车型，轴距加长会使车内空间更大，乘坐的舒适感更好，但轴距加长会使车重增加，制动距离也会增加，而且同款车型的长轴版本的最小转弯半径也会更大。综合来看，长轴版本车型更多的是兼顾了运动和日常的舒适性，而标准轴距版车型的操纵性会更强。

在轮毂尺寸上，同款车型的高配和低配也会有一定差异。一般来讲，高配款车型的轮毂尺寸会更大。比如高配款车型的轮毂尺寸是R17，低配款车型的是R16。大轮毂在车辆拐弯时的倾侧幅度更小，轮胎宽了，扁平率小了，在高速驾驶的时候车辆更稳，抓地力更大。

所以在看待汽车高、低配差异时，不能仅看内饰和一些辅助设备，还要从计量的角度去看待这些实际的规格尺寸以及相应参数，来衡量车辆高、低配之间到底差多少。

（由机械制造与智能交通研究所周碧晨撰稿）

51 加油机“跳枪”影响加油量吗?

经常去加油站加油的朋友都会发现，汽车油箱快加满油的时候油枪会自动跳断，这时候加油员会用手捏着油枪开关，再次加油。有些消费者会对这种现象心生疑惑，更有人传言“加油员中途捏几次枪，你加的油就比正常少了好多呢……”不知道有多少人听过这种类似的话而对“无良奸商”痛恨不已。那么，到底什么是“跳枪”？“跳枪”会影响加油量吗?这里面到底存在什么“猫腻”呢?

1. 什么是“跳枪”,“跳枪”的原因是什么

首先说一下为什么会出现“跳枪”。向汽车油箱加油，过程无外乎两种，在设置好金额或者升数后，不间断地，或者中途断续地将油加入油

箱内，在后一种过程中油枪自行断流的现象叫做“跳枪”。 油枪之所以会“跳枪”，是由于其自身特殊的构造决定的：加油枪端口设有一个自封（跳枪）装置，非常敏感，目的是为了防止加油时油箱里的油满溢出箱，造成危险。加油过程中，油位上涨，一旦油接触到自封装置，加油枪就自动关闭、停止加油，造成“跳枪”；还有一种非加满前的“跳枪”，加油机是密闭的，加油靠的是加油机里的油压，油枪有压力，油往上返溅到枪口，导致“跳枪”。此外“跳枪”还跟气温和加油速度有关系。气温高，油箱里的油受压就大，加油速度过快压力也会增大，油箱里的油就容易溅起，造成“跳枪”频率高。可见，加油枪“跳枪”是一种正常现象。另外，还有一种人为造成加油中断的操作，即所谓的“捏枪”，“捏枪”与加油员的操作习惯有关，也是加油员防止油品喷溅溢出的一种安全保障操作方式。加油员凭借经验，判断油位的高低，在防止油枪自封功能失效时，常常利用“捏枪”这一操作调控加油的进程。

2.“跳枪”或“捏枪”是否会对加油量有影响

既然“跳枪”和“捏枪”都是加油中的常见现象，那么这些现象到底会不会导致少加油了呢？其实，要想弄清楚加油量是少了或者多了，总会有一个标准。首先，国家质量技术监督部门对加油机的计量性能有着严格要求，GB/T 9081—2008《机动车燃油加油机》、JJG 443—2015《燃油加油机》以及 JJF 1521—2015《燃油加油机型式评价大纲》等技术文件中明确规定，燃油加油机最大允许误差≤ ±0.30%，重复性≤ 0.10%，所以只要示值误差和重复性符合规定，我们就认为这台加油机的计量是准确的。其次，在生产加油机时已经充分考虑各种情况下加油机的计量性能。比如，对于“跳枪”或者“捏枪”来说，其实质是油流量的中断和续接以及整个液体系统压力的变化，加油机在进行型式评价试验时必须通过流量中断试验，即加油机在加油过程中人为地断续加油后，其示值误差和重复性都应符合要求，否则不允许生产。所以，加油过程中正常的“跳枪”或者“捏枪”，都不会对最终的加油量产生影响。

3. 国家对加油机如何管理

加油机出厂前，计量控制十分严格。出厂后，加油机也被纳入计量监督的体系中，体现了国家对计量器具的高度重视。消费者在加油站加油时也应注意，所使用的加油机是否具有质量技术监督部门颁发的计量检定合格标志。根据相关法律，合格标志必须粘贴在加油机的显著位置，上边注有发证单位以及有效期，如果消费者发现加油机上没有合格标志，或者合格证的日期已过，则可另寻一台有合格标志的加油机或者去另外的加油站加油，以避免由于质量监管不到位带来的损失。

（由热工流量与过程控制研究所潘琪、杨静撰稿）

52 加油机“缺斤短两”有啥小伎俩?

随着汽车作为交通工具的日益普及，到加油站加油已是我们老百姓的普通消费行为，消费者对在加油站是否加到了足额的油也越来越关注，对于加油站会不会存在“缺斤短两”的现象也非常关注。下面我们就围绕加油机有关“缺斤短两”的问题向大家作一介绍。

1. 加油量超出邮箱标称容量是否正常

有些消费者会有这样的疑问：我的汽车油箱明明标注的是 50L，但是在加油站却给我加注了 52L 油，那这里是不是有什么问题？多加出来的 2L 油是怎么来的？其实加油量轻微超出油箱容积，有可能是正常情况。《汽车燃油箱　安全性能要求和试验方法》(GB 18296—2001) 规定，车辆燃油箱的额定容量不得大于其最大容积的 95%（汽车使用说明书中标明的“燃油箱容积”并不是油箱的实际容量，而是安全容量）。例如，一辆标着油箱容量 50L 的汽车，其油箱的实际最大容积要大于 52.63L (50÷95%)，即使加入 53L 油也是有可能的。

如果车主加注的燃油量和车辆的油箱容量相差幅度超过 10% 甚至更高时，就属于不正常的情况，此时要考虑是否是加油站存在计量问题，可能是加油机内部被做了手脚，也有可能是加油机出现了异常故障。

2. 加油机作弊的主要手段

加油机作弊手法多种多样，从加油机的工作原理进行归纳，其作弊方法无非是如下几种情况：

第一，使部分油未加入到汽车油箱。例如在油路上增加装置，使部分油悄悄回流到油库，或者是趁司机不注意，悄悄将部分油加到别的容器中。

第二，在数据生成源头作弊。在脉冲传感器上增加虚拟脉冲数，使产生的脉冲数大于实际加油量对应的脉冲数，从而使显示数大于实际加油数。

第三，在数据传输处理过程中作弊。在数据传输通道上，插入脉冲信号，从而使显示数大于实际加油数，或者更改加油机的脉冲当量，来改变油量计算数据。

第四，在数据显示环节作弊。在显示通道或显示板上加装作弊装置，篡改显示数据。

3. 如何判断加油机是否存在违规现象

首先，我们可以看加油机上是否贴有“强制检定合格”标签，贴着“强制检定合格”标签的就是经过质量技术监督部门检定合格的，不合格的加油机则会被贴上“停用”标签；其次，我们在加油前应注意查看加油机金额和油量显示屏上显示的数字是否归零，以免造成虚假加油总累；最后，我们再看看加油机流量测量变换器和主机等关键位置的铅封是否完好，如果铅封损坏了，加油站还在售油，消费者可以向当地的质量技术监督部门进行举报。

其实，由于加油机涉及民生计量，国家质检总局已经将其列为重点管理的计量器具，对其进行强制检定和计量监管，并有专门的技术机构和行政部门对其负责，以保障广大消费者的权利。

（由热工流量与过程控制研究所杨静、潘琪撰稿）

绿色健康

53 X 光和 CT 检查对人体危害大吗?

自从 1895 年德国物理学家伦琴发现 X 射线以来，放射性检查已经成为医院检查疾病必不可少的手段。X 射线，是一种人眼看不见但能穿透物体的射线，它是一种波长极短、能量很大的电磁波，光子能量比可见光的光子能量大几万倍至几十万倍。

1. 射线对人体危害的机理

X 射线对人体的危害，主要表现在 X 射线照射生物体时，与机体细胞、组织、体液等物质相互作用，引起物质的原子或分子电离，因而可以直接造成对机体的破坏。不同的组织细胞，对 X 射线的敏感度不同，对 X 射线比较敏感的组织有：淋巴、胸腺、骨髓组织、性腺、胚胎组织等。

其实当人体受到辐射之后，并不是所有的辐射都会对人体造成危害，也就是说单次照射即使受照的剂量大，也不一定出问题，具有随机性。只有剂量很大时才能产生确定性效应，大于 0.25Sv 以上就可能使人体产生不同的机能变化。我们日常生活中接触到的 X 光和 CT 检查辐射剂量都远小于可能产生确定性效应的剂量。

2. 射线检查的危害表述

辐射剂量的单位用 Sv 表示，读作希沃特。据统计，X 光和 CT 检查辐射的剂量如表 1 所示。

从表 1 可以看出，CT 检查的辐射剂量要比普通的 X 射线大很多，但是都远小于 0.25Sv 的剂量值，所以单次的辐射检查不会对人体造成确定性伤害效应。只有连续的辐射检查，累积达到一定量的时候才会确定产生伤害。

表1　X 光和 CT 检查辐射剂量值

部位	拍片	胸透	牙片	乳腺
辐射剂量 /mSv	0.2~0.5	0.1~1	0.1	1.8
部位	头部 CT	胸部 CT	腹部 CT	骨盆 CT
辐射剂量 /mSv	2	6~8	6~8	7~10

其实，在日常生活中，我们都会受到天然辐射的影响，只要防护得当，辐射并不是那么可怕，下图是国际上给出的日常活动中辐射剂量的参考值。

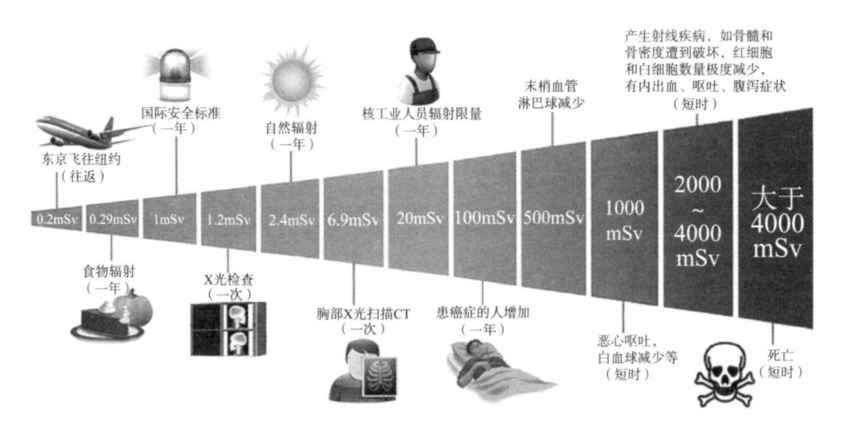

据统计，人们受到的放射性辐射大约有 82%来自天然环境，大约有 17%来自医疗照射，而来自其他活动的大约只有 1%。其实，日常生活中的辐射并不可怕，人体对这些辐射也不会照单全收，也就是说，只要辐射值没有长期超标，我们就不必担心它会对我们造成伤害。

（由电磁信息与卫星导航研究所赵贵坤、鲁向撰稿）

54 医用放疗如何计量?

放射治疗（简称放疗）是利用放射线治疗各种肿瘤的临床方法。放射治疗已经历了一个多世纪的发展历史。在伦琴发现 X 射线、居里夫人发现镭之后，很快就用于临床治疗恶性肿瘤，直到目前放射治疗仍是恶性肿瘤重要的局部治疗方法。大约 70%的癌症病人在治疗癌症的过程中需要用放射治疗，约 40%的痛症可以用放疗根治。放射治疗已成为治疗恶性肿瘤的主要手段之一。

放疗在肿瘤治疗中的作用和地位日益突出，但也要看到放射反应和损伤的存在。高剂量射线在杀灭癌细胞的同时也损伤了正常细胞，病人就会出现一定的不良反应。照射剂量不加限制的话，任何肿瘤都可以被消灭，但此时的剂量将大大超过正常细胞的承受能力，就会出现“玉石俱焚”的情况，这不是放射治疗的目的。放疗只能在正常组织能够耐受的情况下，最大限度地杀灭肿瘤细胞。因此，放疗过程中对辐射的计量十分重要。

1. 放疗剂量测量方法

放疗剂量测量分为绝对剂量测量和相对剂量测量。

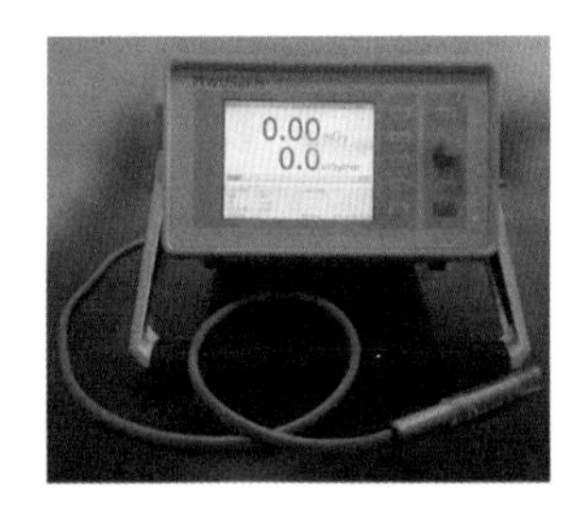

绝对剂量测量设备——电离室剂量计

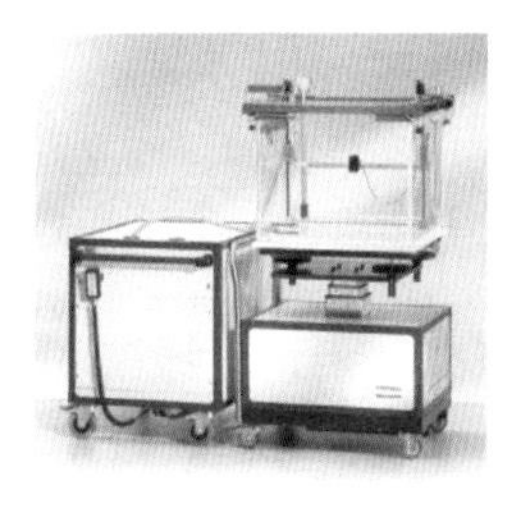

相对剂量测量设备——三维水箱

绝对剂量测量的是某一点的实际剂量，使用的工具主要是电离室。电离室剂量计通过测量电离辐射在与物质（空气）相互作用过程中产生的电离电荷量，计算得出吸收剂量。

相对剂量测量的内容主要是辐射场分布，使用的工具主要有剂量胶片、热释光剂量仪、二维电离室矩阵和三维水箱。

对于放射治疗设备来说，肿瘤患者在进行治疗时，必须保证辐射场内的剂量分布是均匀的，在辐射场内各点的剂量要严格符合国家计量检定规程的要求。否则不仅直接严重影响对病变组织的治疗效果，还会危及人体的正常组织。辐射场均整度和对称性是描述辐射场剂量分布均匀性的两个重要指标。辐射场的均整度是指在辐射场内最大吸收剂量点与均整区内最小吸收剂量点处的吸收剂量比值，对称性是指在均整区内对称于射线束轴任意两点的吸收剂量的比值。

2. 相对剂量测量设备——三维水箱

三维水箱是对医用直线加速器和 X 刀输出射线三维辐射场分布测量和分析的大型仪器。评估患者实施放疗后体内剂量的三维分布在放射治疗的质量保证中是非常关键的，但临床剂量测量不可能在真人体内直接进行，必须寻找最接近人体的组织等效材料作为替身。模体材料只要有与人体相近的有效原子序数、相近的每克电子数、相近的质量密度和足够大的散射体积，就可以获得相近的测量结果。人体组织特别是软组织中含有大量的水，水对 X (γ) 射线、电子束的散射和吸收几乎与软组织和肌肉的近似。水在世界各地都能得到，各地水的辐射性几乎不变，水是最易得到的、最廉价的组织替代材料。所以各种水箱是放射治疗剂量学测量的理想模体。世界各地自动扫描测量应用最广泛的模体是三维水箱。

三维水箱测量系统是由计算机控制的自动快速扫描系统，主要由大水箱、精密步进电机、电离室、控制盒、计算机和相应软件组成，能对射线在水模中相对剂量分布，如百分深度剂量、射野离轴比、最大组织剂量比等进行快速自动扫描，并将结果数值化，自动算出射线的半高宽、半影、均整度、对称性、最大剂量点深度等参数。

因此它不仅在医院放疗设备的日常质量保证和质量控制中使用，而且在医院放疗设备的新安装验收或大修后的检测和为治疗计划系统采集准备大量的物理数据时发挥着更大的作用。

（由电磁信息与卫星导航研究所段慧贤、罗琛撰稿）

55 食品安全为什么离不开标准物质?

近年来，食品安全一直是大家关心的问题，而有关食品安全的事件往往与危害性化学物质相关。怎样才能识别这些化学物质，让百姓吃得安全、吃得放心呢？下面就来给大家讲一讲食品安全中的标准物质。

1. 什么是危害性化学物质

日常生活中，我们的吃穿用住行时时刻刻都会接触到各种各样的化学物质，这些化学物质让我们的生活更加便利，但是有些化学物质却带来了不好的影响。一方面有些化学物质具有毒害性、腐蚀性，容易爆炸、燃烧或者助燃；另一方面有些化学物质也可能通过对人体、设施、环境具有危害的方式慢慢威胁到我们的身体健康，这些化学物质我们就叫做危险性化学物质。相信食品中的苏丹红、三聚氰胺和瘦肉精等，大家还是有印象的吧？这些就是危险化学物质了。

2. 化学物质在食品领域中的应用

化学物质在食品领域也有广泛的应用，比如家里腌制泡菜、制作咸鸭蛋等，是利用这些食品中水分和调料中食盐、醋等的碳、氧、钠离子等进行复杂的化学反应产生出美味。再比如我们每天吃的糖、喝的酒、炒菜用的味精和酱油、吃的一些营养品如维生素、食品中的防腐剂、用于农作物的杀虫剂等，这样的例子还能举出很多很多。在“食”这个方面，你还能想出哪些是与我们息息相关的化学物质吗？

上面的举例中，有一些是“天然”食物中自己存在或者生长中吸收存在的，比如在农作物生产过程中使用的农药、土壤中的残留化学物质被植物吸收等；有一些是为了延长保质期或者增强食品的口味和品质等而人为添加的。食品中添加的化学物质，我们叫做食品添加剂，按照功能可分为：防腐剂、发酵剂、增香剂、增稠剂、乳化剂等众多种类，这些添加剂是食品生产、加工、运输、贮存等中必不可少的物质。无论哪种化学物质，关于它们的种类和使用的限制，在我国都是有明确规定的。

3. 标准物质的作用

标准物质具有一种或多种足够均匀和定值的特性值。标准物质可以准确复现直接影响检测结果的数值。所以这个“标准”体现在它的性质和含量具有均匀、稳定和确定的特性上。标准物质在食品检测中对检测数据起关键作用，可以衡量出同一种物质在不同的地点是否具有相同的性质。食品分析标准物质可以对食品中的化学物质，如添加剂、农药残留、兽药残留等进行定性和定量。

前面我们已经说到，对于食品中相关的化学物质我国是有相关规定的，翻阅厚厚的国家标准，我们可以详细地看到在各个领域允许和禁止使用的化学物质及它们相应的使用量（如果允许使用）。那么如何才能知道我们入口的食物是否符合标准呢？这就是我们前文提及的化学物质的定性和定量了，也就是食品中有没有禁止出现的物质，食品中使用化学物质的用量是否符合标准。通过实验数据和标准物质的“对比”，我们就可以准确地得知食品中化学物质的情况了。

随着新修订的《食品安全法》的施行，食品安全进入更加严厉的“法制时代”。习近平总书记强调，用最严谨的标准、最严格的监管、最严厉的处罚、最严肃的问责，加快建立科学完善的食品药品安全治理体系，严把从农田到餐桌、从实验室到医院的每一道防线。加强标准物质管理和应用，可以确保食品安全中检测结果的准确性、有效性、可追溯性，为食品安全尽一份力。

（由化学分析与医药环境研究所张宜文撰稿）

56 装修是引“狼”入室?

1. 新家的空气是否“新鲜”

刚装修完的房子可以入住吗? 为什么一般要通风 3 至 6 个月才入住呢? 我们都有一个常识，刚装修完的房子，里面有很大的气味，这个气味对人体有很大的伤害，尤其是对于怀孕的妈妈、婴儿、孩子和身体抵抗力低下的人群，伤害最为明显。轻则咳嗽、嗓子发干、咽喉肿痛，重则会导致白血病、鼻咽癌、再生障碍性贫血等疾病。那么，这种害人的气味是什么呢?

2. 如影随形的“贴身杀手”

随着生活水平的不断提高，家庭装饰装修成为了时尚，装修材料也变得多样化，但是装修材料里大部分含有甲醛、苯系物、TVOC、氨、氡等化学物质，就是这些化学物质造成了室内环境污染。

家装污染最可怕之处就在于既“无影无形”，又“如影随形”。其中，甲醛来源于人造板材、黏合剂、墙纸等材料里，是世界公认的潜在致癌物，儿童和孕妇对甲醛尤为敏感，长期接触能致胎儿畸形。

苯主要来源于胶、漆、涂料和黏合剂中，也是强烈的致癌物，苯对皮肤、眼睛和上呼吸道有刺激作用，长期吸入苯会导致白血病。

TVOC 是所有室内有机气态物质的简称，主要来源于建筑材料、家用燃气、烟草烟雾等，会对人体的中枢神经系统和消化系统造成损伤，出现头晕、无力、胸闷、食欲不振、恶心等症状。

氨主要来源于材料中的添加剂和增白剂，室内空气中氨超标，对眼和潮湿的皮肤能迅速产生刺激作用，急性轻度中毒会产生流泪、畏光、视物模糊、眼结膜充血等症状。

此外，来自一些劣质的水泥、花岗岩、瓷砖等建筑材料中的放射性元素——氡，也成为伤人于无形的“杀手”，它会使生活其中的人患肺癌的几率等于甚至超过矿工。据估计，我国平均每天有 138 人因氡致肺癌，氡已经成为继吸烟之后，第二大诱发肺癌的因素。

一般装修完工后，前 3 个月是甲醛、苯系物的大量挥发期，因此房子装修完之后，不建议着急入住，务必要长时间通风。

3. 家装中的误区

（1）使用环保建材就等于环保装修

不少人装修选用符合环保要求的建材，即使这样仍然有不少家庭出现了室内环境污染超标的问题。这里有一个认知误区，所谓的环保材料，并不代表就没有有害物质。事实上，环保材料只是将有害气体的释放控制在相关标准之下。而居室空间有一个 " 环境容量 " 的问题，如果环保材料使用量过多，也会使化学制剂难以迅速挥发，导致装修污染。

（2）老房子居住环境绝对安全

并不是只有新装修过的房子才有装修污染。甲醛、苯、TVOC 等有毒气体的释放周期长达 10 年 ~15 年。而且，越是老房子，国家对当年装修的各种建材的强制性规范相对没有现在这么严格，那时候的装修污染相对来说也更可能严重。

（3）没有味道就代表无有毒气体

没有味道并不代表家里没有装修污染，甲醛和氨具有明显的刺鼻气味，苯系物具有一定的芳香味，氡却是无气味的气体。一般来说，只有当空气中的污染物浓度达到超标值的 0.25 倍以上时，人的鼻子才能嗅出来，而氡的浓度无论有多高，人的鼻子都是无法闻到的。如果长期生活在污染物超标的环境中，自己却一无所知，是十分可怕的。所以，千万不要过分信赖自己的鼻子，还是把检测室内污染这种技术活交给专家来处理吧！

4. 让治理污染成为装修的一个环节

目前大多数家庭对于室内装修污染的治理存在很大误区，认为污染超标只要开窗通风、摆放植物等就可以解决。其实，植物、活性炭、橘子、菠萝、食醋等“偏方”的吸附作用微乎其微，而且市面上很多甲醛清除剂并不能有效清除甲醛，而且会引入类似的新的污染。为了大家能拥有健康的居住环境，给出以下建议：

（1）首先大家要建立环保家装理念，提倡健康、科学、适度的装修。

（2）面对市场上品种繁多、名目各异的装修建材，一是买建材和家具不要贪图便宜，尽量到正规的市场或超市去购买建材，同时要选购贴有安全健康认证的产品。

（3）选择正规的装修公司，签订装修合同时最好加上关于居室空气质量的条款，便于维护自己的合法权益。

（4）装修后不要急于入住，应该开门窗通风一段时间，加快有害物质的释放，缩短释放周期。入住后也要注意保证室内有足够的新风量，才能有效避免室内环境污染发生。

（5）入住前最好请通过国家计量认证、具有室内空气质量检测资质的空气环境检测单位对室内环境进行检测，只有当检测结果符合国家室内环境标准时，才能放心入住。

同时，为扼制室内装修“隐形杀手”，国家质检总局、国家环保总局、原卫生部制定的 GB/T 18883—2002《室内空气质量标准》，已于 2003 年 3 月 1 日开始实施。该标准要求检测前关闭门窗 12h，是出于让检测条件尽量接近日常居住状态的考虑，即居住者一般能保障一天有两次机会开窗通风。该标准还引入了室内空气质量概念，明确提出“室内空气应无毒、无害、无异常臭味”的要求。

（由化学分析与医药环境研究所杨振琪撰稿）

57 彩超与普通 B 超有什么区别?

1. 什么是彩超，什么是 B 超

彩超是彩色多普勒超声（Color Doppler Ultrasound）的简称。

B 超是 B 型超声（B-ModeUltrasound）的简称。

彩超与 B 超是两种完全不相同的仪器，而并不是人们想象的类似彩色电视机与黑白电视机的简单颜色区别。

彩超通常具有 B 超、M 型超、脉冲多普勒、连续多普勒、彩色多普勒血流显像等多种超声方法。它是在黑白超（即二维 B 超）的基础上发展起来的一种影像技术，是采用多普勒技术的原理，用红、蓝、绿三种颜色为基准色，以对流动的血液进行彩色显像，简单地说，彩色是针对血流信号，而不是整个显示屏幕的图像。换言之，血流不明显的地方，就无法显示彩色。可见彩超主要用于心脏检查和人体各脏器内、外的主要血管的血流检测。

一般来说，黑白 B 超由于其自身的局限性，通常只配备一个探头，只能应用于检查腹腔，如肝脏、胆囊、胰腺、脾脏、肾脏、输尿管、膀胱、前列腺、子宫及附件、普通产科检查、胸腹水探查等。

2. 彩超与 B 超的主要区别

（1）彩超的主要技术指标，如探头晶片数、成像通道数、成像动态范围、主机的处理能力和速度等方面，均大大高于 B 超。因此能够显著提高图像分辨率，可以更早期发现更细小的病变，提高疾病的早期诊断率，并可更清晰地显示病灶周边和内部变化的细节，提高诊断的准确性。

（2）彩超具有彩色多普勒血流显像（Color Doppler Flow Imaging,

CDFI）功能，可以显示病变区域的血管解剖结构、血流方向、血流速度和血流状态改变，可以明显提高对疾病的鉴别诊断能力，提高诊断的准确性。

（3）彩超具有组织谐波显像功能，可以明显降低肥胖、气体和其他伪像干扰，提高图像的清晰度。

（4）彩超具有造影剂谐波成像功能，可进行声学造影，对病变进行更深入地检查和研究。因此，彩超检查能够更早期地发现病变，并能够更加准确地对病变进行鉴别诊断，明显提高诊断的正确率，而 B 超检查的漏诊率和误诊率则明显高于彩超。

3. 彩超的分类

彩超分为二维彩超和三维彩超。二维彩超比 B 超更进一步，图像要清晰得多，可以清楚地显示血流方向、速度，有利于鉴别肿瘤的良恶性。三维彩超在二维彩超的基础上增加了立体显像，可以全方位地显示病变部位的图像，特别对于早期胎心畸形的诊断更为准确，更有价值。

彩超探头分为腹式探头、阴式探头、表浅器官探头和心脏探头，它们在不同检查中的区别如下：

（1）腹式彩超检查和 B 超要求一样，妇科检查需憋尿，须在膀胱充盈的情况下进行检查，一般未婚女性和月经期女性做这种检查。

（2）阴式彩超检查，无需憋尿，已婚女性和有过性生活的女性都可以做这种检查，可以缩短检查时间，不需等候。检查时垫高臀部，有助于显示盆腔前方结构，经阴道超声可清晰显示子宫、内膜及双侧卵巢形态、大小和卵泡以及血流，比腹式彩超更清晰，诊断结果更准确。

（3）表浅器官彩超主要检查乳腺、甲状腺、面部器官、四肢等。

（4）心脏彩超使用特殊探头，用于检查心脏方面的疾病。

需要特别注意的是，比起单一的黑白B超，彩超功能更多，诊断疾病的途径更多，对疾病的诊断亦更明确，其图像分辨力也优于黑白B超。一些浅表组织器官，如甲状腺、乳腺、腮腺、睾丸等的检查都需要做彩超。此外，一些腹部检查，如肿瘤、阻塞性黄疸、肝硬化、血管性病变等，一般应该使用彩超。另外比如产科检查时需要检查脐带血流状况的和中晚期妊娠需要明确是否存在脐带绕颈的情况，应当选择彩超。

（由化学分析与医药环境研究所张丽和撰稿）

58 如何判定水质的“软”“硬”？

随着人们生活水平的日益提高，老百姓们已经不仅仅满足于温饱，而对衣食住行的“质”的要求越来越高。水，是生命之源，在老百姓的生活中必不可缺。那么，水的质量如何来评定呢？从专业的角度来说，饮用水的卫生指标有 108 项之多，在我们平常百姓家中实行一一检测是不现实的。但是对于某些指标来说，我们可通过一些简单的便携式仪器来进行简单的判定。下面我们来说一种较为常见的影响水质的指标——水碱。

水碱是怎么形成的呢？水碱是由水中的金属钙离子（Ca^{2+}）和镁离子（Mg^{2+}）结合碳酸氢根离子（HCO_3^-）产生的，几种离子最终转化为极为稳定且不溶于水的白色沉淀碳酸钙（$CaCO_3$）和氢氧化镁 [$Mg(OH)_2$]。水中钙、镁离子的总浓度又称为水的总硬度，换句话说，硬度高的水就容易产生水碱。硬度高的水可使肥皂沉淀，洗洁精和浴液、洗发水等不容易起泡；水壶内壁产生水碱时，使导热性能降低，烧水时间变长，既浪费了能源又增加了烧水成本；烧锅炉则易堵塞管道，从而极易引发锅炉爆炸事故。

因此，我们可以通过测定水的总硬度来间接地判断我们身边的水是否容易产生水碱。那么，除了实验室检测时所采用的专业方法之外，还有什么方法可以帮助我们判断出水质的软硬呢？

电导率是表示溶液传导电流的能力的指标。水的电导率与水中离子的总浓度或含盐量有一定的关系。当它们的浓度较低时，电导率随着浓度的增大而增加。而利用电导率可以间接得到水的总硬度值，为了近似换算方便，$1\mu S/cm = 0.5ppm = 1\times10^{-6}$。也就是说，电导率越高的水，其所含的离子浓度越高，它的总硬度也越大。

电导率仪通常由电子单元（即仪器部分）和传感器单元（即电极部分）两部分组成，其原理是将两块平行的极板（即电极），放到被测溶液中，在极板的两端加上一定的电势（通常为正弦波电压），然后测量极板间流过的电流。电导率的基本单位是西门子（S），因为电导池（电极部分）的几何形状影响电导率值，标准的测量中用单位电导率S/cm来表示，以补偿各种电极尺寸造成的差别。

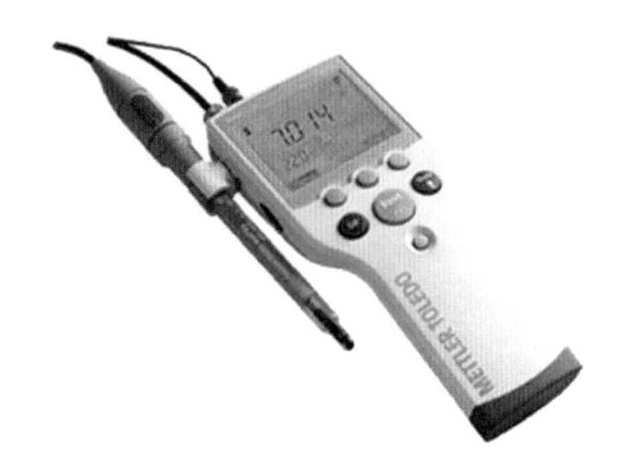

便携式电导率仪

常见的电导率仪有实验室电导率仪、便携式电导率仪（如上图所示）和工业用电导率仪等。实验室电导率仪测量范围广、功能多、测量精度高。便携式电导率仪可制成笔式形状（如下图所示），携带方便且操作简单。百姓家中可采用较为简易的笔式电导率仪来测量水中的电导率。不同类型的水有不同的电导率。新鲜蒸馏水的电导率为 0.2 μS/cm~2 μS/cm，但放置一段时间后，因吸收了二氧化碳，增加到 2 μS/cm~4 μS/cm；超纯水的电导率小于 0.10 μS/cm；天然水的电导率多在 50 μS/cm~500 μS/cm 之间，矿化水可达 500 μS/cm~1000 μS/cm；含酸、碱、盐的工业废水电导率往往超过 10000 μS/cm；海水的电导率约为 30000 μS/cm。

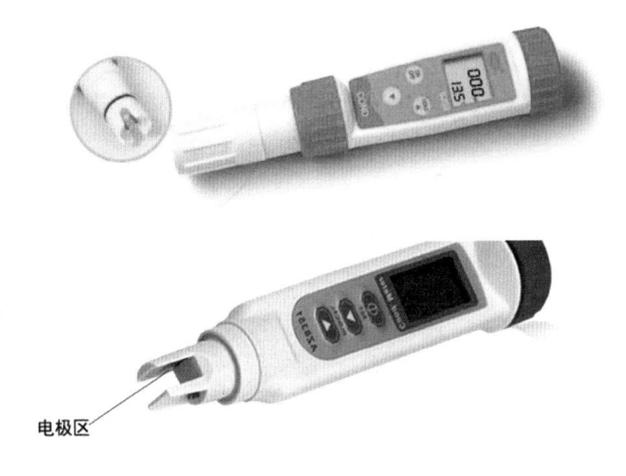

笔式电导率仪

电导率仪的准确性是检测水质中离子的总浓度或含盐量准确性的重要保障。对于实验室电导率仪或者工业用电导率仪，使用时应注意以下几点：

（1）电导率受温度影响很大，在一定温度范围内，电导率与温度成正比，一般选择25℃作为参照温度进行电导率的测量。

（2）定期标定电导率电极常数，出现较大误差时应及时更换电导电极。

（3）测量高纯水时，应采用密封且流动的测量方式来尽可能避免空气中二氧化碳对检测结果的影响。

（4）测量过程中，电导率仪从甲溶液转到乙溶液时，应用蒸馏水清洗，再用乙溶液清洗，避免溶液污染。

（5）电极使用完毕后应该用蒸馏水清洗干净，甩干，可浸泡保存在纯水中。

（由化学分析与医药环境研究所刘冉撰稿）

59 如何根据需要选择家用呼吸机?

家用呼吸机是一种可以代替或改善人的呼吸、增加肺通气量、改善呼吸功能的装置，一般用于肺部功能衰竭或气道阻塞不能正常呼吸的病人，是家庭常用的自助器材。面对市场上纷繁复杂的家用呼吸机的品牌和型号，我们在选购和使用时，可以从以下几方面去考虑。

1. 了解什么病情需要使用以及什么病情不能使用家用呼吸机

家用呼吸机属于辅助治疗机械，只有相对应的病症才需要使用。以下这几种病症适合使用呼吸机：

（1）各种原因引起的急性呼吸衰竭，包括呼吸窘迫综合征（ARDS）；

（2）慢性呼吸衰竭急性加剧；

（3）重度急性肺水肿和哮喘持续状态；

（4）小儿心胸外科的术中术后通气支持；

（5）呼吸功能不全者。

像食用药品有禁忌的病症一样，以下病症不适合使用家用呼吸机。如果使用甚至还会起到相反的作用，一定切忌。

（1）气胸与纵隔隔膜集气；

（2）大量胸腔积液；

（3）肺大泡；

（4）低氧血症；

（5）急性心梗伴有心功能不全者。

使用呼吸机之前一定要到医院检查，依据医院诊断，确定是否选购家用呼吸机。

2. 根据不同的病情，选择不同功能的家用呼吸机

家用呼吸机依照其功能不同分为持续正压（单水平）呼吸机（CPAP）、全自动正压呼吸机（Auto CPAP，Autoset CPAP）、双水平呼吸机（BiPAP，Bi-level）三种类型。

（1）持续正压（单水平）呼吸机：它是阻塞性睡眠暂停治疗中使用最为广泛的呼吸机，能够持续地输出一个恒定压力，以维持气道的开放，这个压力在整晚的使用当中都不会改变，适用于绝大部分睡眠呼吸暂停综合征的患者，治疗效果明显，经济实用。但对于肺功能不好或者某些中老年患者［患有慢性阻塞性肺疾病（COPD）］，可能会感到呼气时困难，这时需要更好的湿化效果和密闭效果好的面罩。

（2）全自动正压呼吸机：又称智能呼吸机，它同样是一种单水平呼吸机，但是它能自动探测患者气道变化而发生的呼吸暂停及气流降低，然后根据呼吸机内部软件的计算来输出适合的压力，以最小的输出压力达到最佳治疗效果。在患者每一个呼吸循环中吸气相和呼气相的治疗压力相同。自动调压呼吸机由于在治疗过程中是根据气道的堵塞情况自动调整输出压力，相对于定压的单水平呼吸机而言，它是以相对低的有效治疗压力解决患者的气道堵塞问题，因此自动呼吸机舒适性较定压单水平呼吸机要好。自动呼吸机最大的特点就是使用方便，不需要用户调节。而普通的单水平

呼吸机随着体重等情况的改变，需要的治疗压力可能会改变，从而需要再次调定。

（3）双水平呼吸机：它是一种功能先进的正压呼吸机，可分别设置较高的吸气压和较低的呼气压，患者在吸气时机器提供较高的吸气压力以保持气道开放，呼气时提供较低的呼气压力，在保证气道开放的同时使患者呼气顺畅。患者在吸气和呼气时，呼吸机根据设置的压力提供不同的输出压力。在吸气时提供高的吸气压力以支持 / 改善患者的吸气过程，在呼气时提供一个较小的正向治疗压力以便于患者轻松地将呼出的废气排出，同时维持患者气道的正常开放。双水平无创呼吸机一般根据控制模式不同分为 S、T 及 S/T 三种模式。S 模式（又称自主触发模式或同步模式），就是人通过自己的自主呼吸来控制机器的工作（吸气时机器提供吸气压，呼气时机器提供呼气压），机器的工作频率完全由患者自己的呼吸控制，此模式主要适用于具备良好的呼吸触发能力的患者。T 模式（又称被动模式或时间控制模式），就是机器根据设定的参数控制人的呼吸，人只能被动地跟随机器的工作。此模式主要适用于呼吸触发能力微弱的患者。S/T 模式，就是当患者的呼吸频率高于机器的设定值时，机器工作在 S 模式；当患者的呼吸频率低于机器的设定值时，机器工作在 T 模式。双水平呼吸机主要适用于：治疗压力比较高的睡眠呼吸暂停患者和单水平呼吸机耐受性比较差的患者，以及心肺功能不好需要无创同期辅助治疗的患者。家庭使用中，实际上大部分患者使用的是 S 模式的双水平呼吸机。对于病情比较严重需要使用 T 模式的患者，从安全性考虑建议最好在医院中进行治疗。该机器适合各类呼吸暂停综合征患者及 COPD 等肺疾患者，是目前功能最全面的无创呼吸机。

3. 根据病人不同的生理参数，调整呼吸机相对应的工作参数

家用呼吸机的工作参数主要有潮气量、压力、流速、时间（含呼吸频率、吸呼比）、呼气末正压这几种，根据病人的不同情况，相应的工作参数都要做适当的调整：

（1）潮气量：潮气输出量一定要大于人的生理潮气量，生理潮气量为6mL/kg~10mL/kg，而呼吸机的潮气输出量可达 10mL/kg~15mL/kg，往往是生理潮气量的 1 倍 ~2 倍。还要根据胸部起伏、听诊两肺进气情况，参考压力二表、血气分析进一步调节。

（2）呼吸频率：接近生理呼吸频率。新生儿 40 次 /min~50 次 /min，婴儿 30 次 /min~40 次 /min，年长儿 20 次 /min~30 次 /min，成人 16 次 /min~20 次 /min。潮气量 × 呼吸频率 = 每分钟通气量。

（3）吸呼比：一般是 1 ： 1.5~1 ： 2，阻塞性通气障碍可调至 1 ： 3 或更长的呼气时间，限制性通气障碍可调至 1 ： 1。

（4）压力：一般指气道峰压（PIP）。当肺部顺应性正常时，吸气压力峰值一般为 10cmH_2O[①]~20cmH_2O；肺部病变轻度：20cmH_2O~25cmH_2O；中度：25cmH_2O~30cmH_2O；重度：30cmH_2O 以上；ARDS、肺出血时可达 60cmH_2O 以上。但一般在 30cmH_2O 以下，新生儿较上述压力低 5cmH_2O。

（5）呼气末正压（PEEP）：使用间歇正压通气（IPPV）的患儿一般设置 PEEP 值 2cmH_2O~3cmH_2O 是符合生理状况的，当严重换气障碍时（ARDS、肺水肿、肺出血）需增加 PEEP，一般在 4cmH_2O~10cmH_2O，病情严重者可达 15cmH_2O 甚至 20cmH_2O 以上。

---

① 1cmH_2O = 98P_a。

（6）流速：至少需每分钟通气量的两倍，一般 4L/min~10L/min。

4. 如何判断哪个家用呼吸机是比较好的呼吸机

首先，一款好的呼吸机必须配备人工加温湿化罐。家用呼吸机患者戴机治疗时，呼吸道内气流速度比自然呼吸时要快，类似于乘坐在飞速行驶的敞篷车上张口呼吸，所以吸入的气流必须经过人工增加温度和湿度，才能保证戴机的舒适性，保证治疗效果。

其次，高灵敏度的压力传感管及高性能的电机也是呼吸机性能好的一个重要标志。由于机械控制方面等的原因，单水平家用呼吸机的实际压力也会随着戴机者的呼吸而上下波动，而不会是理想状态的一条直线。吸气时由于容量变大，面罩处压力会瞬时下降，如果仪器的压力传感不敏感及电机补偿功率不够大，则仪器的压力会下降较大幅度（10%~15%）；而呼气时，由于容量变小，面罩处压力会瞬间上升（10%~15%），如果仪器的压力传感不敏感及电机可操控性不好，则仪器的压力会大幅上升。

第三，呼吸机应该有超强的漏气补偿功能。由于戴机者夜间翻身，面罩会不可避免地出现漏气，一旦稍有漏气，面罩内的压力即大幅下降，从而出现用户戴着仪器打鼾的现象，因此也就达不到治疗目的。

在决定长期应用家用呼吸机前，患者应根据自己的病情及经济承受能力，综合各方面情况来决定选用哪种机器。在选择一种机器前也应该通过试戴、挑选合适面罩、匹配加温湿化器等步骤来为自己挑选一款合适而舒适的呼吸机，并通过定期睡眠监测，评估治疗效果，及时调整治疗方案。

（由化学分析与医药环境研究所赵建辉撰稿）

60 如何选用合适的家用胎心仪?

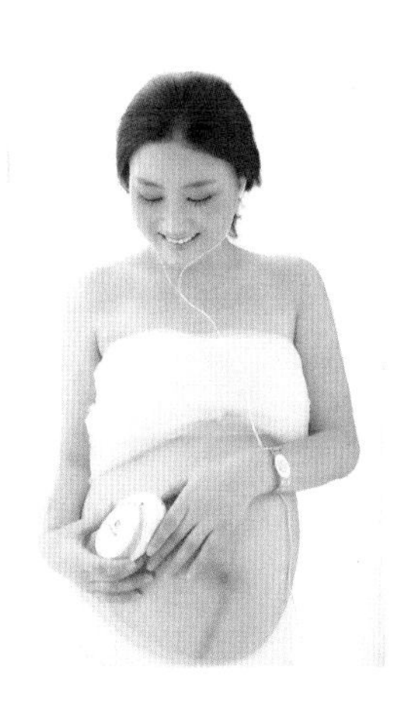

近年来，随着国家二孩政策的开放和人们对婴幼儿健康的密切关注，胎心家庭监护在推进优生优育方面发挥了十分重要的作用。胎心仪是常见的家庭胎心监护仪器之一，可以用来监听胎心和观测胎儿的健康情况，特别适合孕龄在 16 周以上的孕妇在家中检测胎儿胎心的跳动频率。

1. 家用胎心仪的重要性

正常的胎儿心率随着子宫内环境的不同，时刻发生着变化。胎心率的变化是中枢神经系统正常调节机能的表现，也是宝宝在子宫内状态良好的表现。而胎心监护的使命是尽早发现胎儿异常，在胎儿尚未遭受不可逆性损伤时，采取有效的急救措施，使新生儿及时娩出，避免发生影响其终身的损伤。

胎心仪可以通过监测胎动和胎心率来反映胎儿在母体内的状况，在怀孕 35 周后孕妇每周去医院产检时，都要进行胎心监护。但这样只能在特定时段监测而不能按照需要实时监测，所以不少准妈妈都选购了家用胎心仪，以便每天自行监测胎动情况，有利于及早发现胎儿异常情况。

通常，胎儿发生缺氧后，其胎心率和胎动次数都会随之改变，这正是肚里的宝宝在向妈妈呼救。过去，因为胎心仪价格过于昂贵，而准妈妈不借助仪器便听不到胎心，医生大多会建议孕妇采取简单的数胎动方法。但由于宝宝在睡眠时胎动会随之减少，给数胎动的父母造成诸多不必要的误会和担心，而且一天早、中、晚三次，每次 1h 的硬性时间规定，使得很多孕妇不能很好地坚持，不能尽早发现宝宝在腹中的呼救信号，给不少家庭留下了诸多遗憾。

2. 基本原理

胎心仪是采用医用超声源作为探测器的医疗计量器具，广泛应用于妊娠期胎心的监测中，其超声源的工作频率通常为 2.0MHz~3.0MHz。按《计量法》有关规定，该仪器为国家强制检定的医疗计量器具。实施强检计量的目的是为了保证仪器技术参数的准确、可靠、安全，以确保在临床上保护孕妇胎儿的生命安全和身体健康。

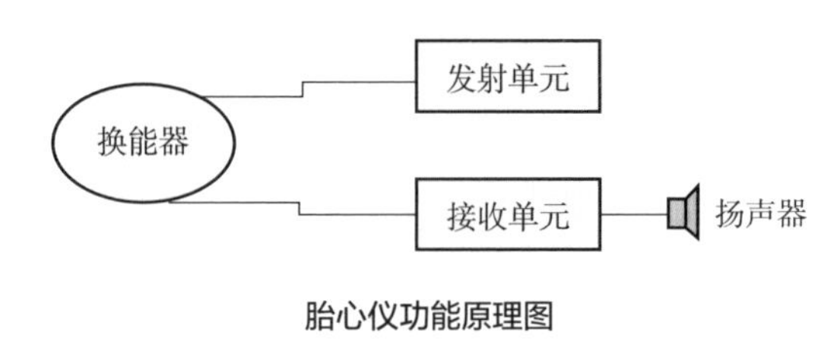

胎心仪功能原理图

胎心仪功能原理如上图所示，它主要由与孕妇母体腹部声耦合的发射、接收为一体的超声换能器及电路部分组成。换能器产生的换能束直接对准胎心，入射声束的一部分从胎心运动表面反射，由于多普勒效应，超声频率发生频移，由接收换能器检测，经信号处理后可将与胎心有关的低频信号从高频信号中分离出来，加以放大，用于胎心监测。

国家对其强制计量检定的主要内容包括通用技术要求、计量技术要求、专用安全要求等。其中计量技术指标主要有：输出声功率、输出波束声强、峰值负声压、空间峰值时间平均声强、患者漏电流、超声工作频率偏差、最大综合灵敏度等。

3. 使用方法

科学的胎儿家庭监护，可以利用胎心仪每天在家定时监测胎心率，了解胎儿的健康情况。如果时间充裕，还可同时监测前后胎动变化的相关性，了解胎儿的储备功能。例如，以前有不良产史，或本次有合并症的，如妊娠高血压、胎位不正、脐带绕颈、糖尿病及感染等，需要适当增加监护次数。

孕妇每天早、中、晚三次听取胎儿心率，每次时长为 1min~2min，正常胎心率是 120 次 / min~160 次 / min，发现胎心率及胎动异常时请及时记录下胎音情况，立刻去医院检查治疗。

- 早上：孕妇起床后 30min 内；
- 中午：孕妇中餐后 60min 内；
- 晚上：晚上临睡前 30min 内。

另外，使用时请注意在探头上均匀涂抹一层耦合剂、清水或食用油，一般可直接贴于腹部皮肤。

4. 选购原则及注意事项

胎心仪是一种专门为孕妇设计的超声波仪器，是国家重点管理的计量器具。其选购原则为：

（1）作为国家重点管理的计量器具，胎心仪必须按照《计量法》的相关规定，取得制造计量器具许可证（CMC 标志），并且定期进行计量检定。只有计量检定合格，方可用于孕妇胎心监护及胎动异常监测。

（2）查看产品说明书中，超声探头的声功率值与空间峰值时间平均声强，只有空间峰值时间平均声强小于 100mW/cm^2 才是孕妇可以安全使用的。

（3）查看超声探头是不是有防水功能，如没有防水功能，超声膏和汗液会流进探头内而使内部短路，并且会滋生细菌而对孕妇造成感染。没有防水功能的胎心仪肯定不是安全的胎心仪。

（4）查看是否带显示屏，有了显示屏，胎心可以直接显示到上面，不用通过听胎心音自己计算，能更快更准地反映胎儿健康状况。

（5）查看电池是不是锂电池，锂电池供电稳定，没有噪音，不产生次声波并且费用低。

（由化学分析与医药环境研究所范培蕾撰稿）

61 如何挑选家用血糖仪?

血糖仪是糖尿病患者生活中必不可少的，面对市场上琳琅满目、良莠不齐的血糖仪，有时候真不知道怎么挑选才好。其实家用血糖仪的选择是有窍门、有讲究的，挑选血糖仪最关键的是“五看”，认真做好“五看”，就会选中高品质的家用血糖仪。

1. 看血糖仪原理

血糖仪的原理主要分两种：光化学法和电化学法。光化学法的血糖仪类似 CD 机，有一个光电头。采用光化学法的血糖仪，测试速度比较慢，采血量大；电化学法的血糖仪测试速度快，误差范围在 ±0.2mmol/L 内。

（1）采血方式

血糖测试时所用的血糖试条，与各品牌血糖仪是专用配套的，在各品牌之间不能通用。目前市场上的血糖试条有两种采血方式：滴血式和虹吸式。滴血式的血糖试条，测试时需要的血样多，需要将血样滴加到试条上，血滴太多、太少或者位置不准确都会影响测试值。而采用虹吸自动吸血方式的血糖试条，需要的血样少，加样量可以自动控制，试纸有能显示血液是否适量的确认点，操作简单，也可避免加血样误差，进而保证测试结果的准确性。

（2）测试模式及按钮

血糖仪的测试模式是非常重要的，测试过程全自动是指在插入血糖试条后能自动开机，加入血样后进入测试程序显示测试结果，拔出试条自动关机并将测试结果自动存储。这种血糖仪使用简单，有助于提供更准确的测试结果。有时病友需要对血糖仪进行必要的校正码调整、存储结果的查询以及删除存储结果等操作。因而，血糖仪具有适当数量与大小的、功能区分清晰的按钮是很有必要的。

血糖测量示意图

2. 看仪器运行情况

查看采血针使用是否便利，以及查看需要血量的多少、仪器读数的时间、显示屏的大小与清晰度、电池的更换方便与否、外表是否美观、大小如何等。

3. 看服务

应了解血糖仪的保修期、保修项目及其他售后服务，以及试纸的供货情况。好的品牌血糖仪，售后是非常完善的，更有保修、包换等服务。

4. 看价格

在血糖仪选购中价格不是最重要的，关键是质量，需要综合衡量。实际上，试纸的价格更重要，仪器是一次性的费用，但试纸的购买是长期的。选择能稳定长期供应，并且价格经济的试纸，可以节约不少经济支出，不可盲目地寻找稀少种类的血糖仪，而忽视试纸的供应，这一点糖尿病患者一定要重视。

5. 看功能

购买时要注意记忆容量大小以及是否附带时间和日期等功能，因为没有时间和日期的储存结果会导致无法分辨餐后血糖和空腹血糖值。另外，测试后进行测试结果的记忆存贮有助于了解病友一段时间内的血糖变化。因而，适当的存储容量是非常必要的。

（由化学分析与医药环境研究所王晓阳撰稿）

62 为什么要做超声诊断?

到医院看病的时候，医生有时会让病人做超声诊断。大多数人对超声的理解就是，孕妇要做超声诊断，而事实上，超声绝非仅用于检查胎儿，这只是超声在临床医学应用的一小部分而已。然而超声究竟是什么东西?它如何对人体进行检查呢?超声，即超声波，它是一种机械波。我们人耳能听到的声波频率为 20Hz~20 000Hz。当声波的振动频率大于 20 000Hz 或小于 20Hz 时，我们便听不见了。因此，我们把频率高于 20 000Hz 的声波称为“超声波”。超声波具有方向性好、穿透能力强、易于获得较集中的声能、在水中传播距离远等特点，可用于测距、测速、清洗、焊接、碎石等，在医学、军事、工业、农业上得到了广泛的应用。

用于医学诊断的超声波频率通常为 2MHz~10MHz。它可以在人体内传播，并在碰到不同组织之后能反射一部分回来。根据这一物理特性，科学家研制出了各种超声仪器。超声波由探头产生、发射出去，进入人体后，根据人体器官组织声学性质上的差异，有一部分超声波被反射回来，再由探头接收后经计算机处理，以波形、曲线或图像的形式显示和描记出来，超声医生根据图像的特征对生理、病理情况作出判别的诊断方法，就是超声诊断。超声诊断在人体内应用极广，遍及颅脑、心脏、血管、肝、胆、胰、脾、胸腔、肾、输尿管、膀胱、尿道、子宫、盆腔附件、前列腺、精囊以及眼、甲状腺、乳腺、唾腺、睾丸、周围神经和四肢肌腱等。但是超声诊断也有一定局限性，比如对于骨骼、肺和胃肠道的病变则诊断价值有限。而且超声诊断是医生通过了解病人的病史和其他临床资料后对图像分析得出的，并不能直接显示病理诊断结果，因此在临床使用当中，必须多方面进一步综合判断，以期得出正确的诊断。

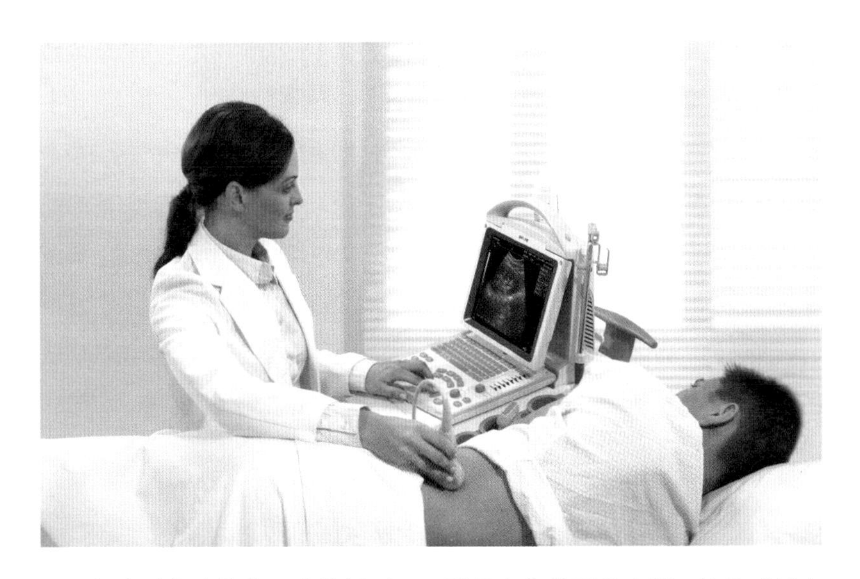

超声波在生物体系内传播时，可引起生物体系的功能、结构或状态发生变化，这便是超声生物效应。所引起生物效应的轻重程度，主要取决于超声剂量的大小和检查时间的长短。现在用于临床诊断的超声检查仪的剂量和检查时间均处于非常安全的范围之内，对人体的影响几乎可以忽略不计。综上所述，超声诊断的优点是受检者无痛苦，对其无损害，检查方便，图像直观，显像清晰，故深受临床医生和病人的欢迎。

总的来说，人体正常组织和病变组织的差异通过超声图像反映出来，医生可以通过超声图像差异程度的大小进行病情诊断分析。超声图像增强能够使原始图像中有用的部分放大，提高清晰度，提供给医生肉眼可直接观察的图像并读取病理信息。因此最后输出的图像最清晰的那部分必定是医生最感兴趣的，提高了这种差异度，使其更适合医生的直观诊断。超声设备使用频率，以及超声质量的好坏会对图像的清晰度产生一定影响，因此医疗设备的安全性和准确性评估显得至关重要。这与整个医疗环境以及是否按照国家标准进行周期性检定都有一定关系，因此在对超声设备的检定过程中，要严格按检定规程的要求执行。在我国，超声技术不仅被用于多种疾病的常规诊断，而且被普遍运用于计划生育领域。超声的使用频率如此之高，它们的性能好坏、质量如何，不仅关系到医院和生产厂家的经济效益，更影响到子孙后代的健康。同时，面对如此高频率的使用，要保证各个技术指标准确可靠，必须加强超声设备的动态管理，所以对 超声的周期性检定显得非常重要。检定员在检定过程中应注意到超声的各项技术参数有无异常的变化，对仪器中出现的常见问题做到了如指掌，及时解决，从而使设备能够保持良好的运行状态。

（由化学分析与医药环境研究所仇倩撰稿）

63 家用哪种血压计效果更好?

近年来，随着人们生活水平的提高和工作节奏的加快，影响人们健康的各种疾病渐渐出现了，高血压就是其中一种。随着各式各样血压计的出现，电子血压计以其方便快捷、易于操作成为家用血压计的首选，深受广大高血压患者的欢迎。

1. 电子血压计测量原理

电子血压计（如右图所示）通常采用示波法原理工作，它是将血压袖带缠绕在肢体上，对袖带加压直至阻断动脉血流，通过测量袖带充气放气过程中由动脉血流脉动变化带来的振荡波与袖带压力之间的关系，以听诊法作为参考，自动实现动脉血压间接测量的方法。加压方式可以是自动或半自动。

电子血压计

2. 电子血压计的选择

电子血压计究竟能不能放心使用？我们从以下几个方面谈一下电子血压计的选择。

（1）电子血压计与医用水银柱式血压计的关系

人们经常是与水银柱式血压计比较后得出电子血压计准或不准的结论。科学地讲，合格的电子血压计与水银柱血压计测量血压的结果是一致的，可以放心使用。

这是因为电子血压计是以水银柱血压计的听诊法测量血压作为参考标准的。这里合格电子血压计的前提是，必须获得了国家医疗器械注册的"械"字号和通过严格临床试验后获得国家计量部门颁发的计量制造许可证（国产包装应标有 CMA 标识，进口包装标有 CPA 标识），并经过周期检定合格的产品。

（2）电子血压计并非人人适用

应该讲，目前市场上销售的电子血压计基本上是合格的，能够较准确地测量血压。但是在选择时还要注意到：不同类型、不同品牌的电子血压计在血压测量范围及对患病人群的适用性上是有差异的。电子血压计只有在允许的血压测量范围和适用患者人群范围内，测量出的血压值是准确的，超出电子血压计的适用范围，血压测量就不准了或有可能测量不出来。例如，有些电子血压计不适用于心律不齐患者和孕妇；有些电子血压计收缩压（高压）的测量上限为 26.7kPa（200mmHg），舒张压（低压）的测量上限为 20kPa（150mmHg），高于这个血压范围的患者使用它可能测不出数；有的电子血压计袖带使用范围为 22cm~32cm，使用者的臂周长超出或低于此范围的，其血压测量值就可能不准确。由于电子血压计测量原理所限，总有一些人不能用它来测量血压，比如脉很弱的人，血压过高或过低的人，以及下列特殊患者人群：

- 过度肥胖者；
- 心率失常的病人；
- 脉搏极弱，严重呼吸困难和低体温的病人；
- 连接人工心肺机的病人；

- 心率低于 40 次 /min 和高于 240 次 /min 的病人；
- 测压期间血压急剧变化的病人；
- 帕金森氏症患者等。

也就是说电子血压计并非人人适用，所以购买时一定要看清适用范围，选择适合自己的电子血压计。

（3）电子血压计的种类

根据测量部位的不同，电子血压计又分为臂式和腕式，选择电子血压计要考虑两种不同形式，因为这些形式并非人人适用。

如果想要购买电子血压计，建议最好选择臂式的（见下图）。因为和作为诊断的听诊法相比它们的测量位置相同，能正确测量动脉血压，可以使用稳压电源，同时价格相对另外一种比较便宜，缺点是需脱去上衣进行测量，机型相对大，携带不便。

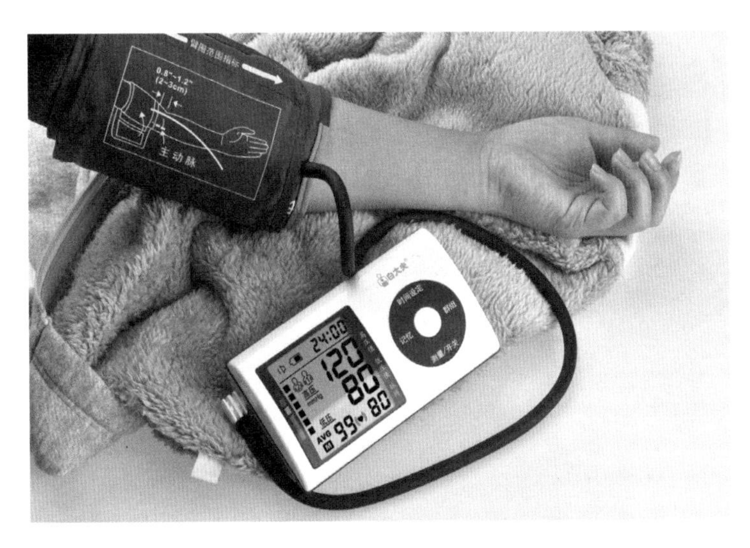

臂式电子血压计

腕式电子血压计（见下图）以其造型小巧、携带方便，使用时也不用脱去衣服等特点受到越来越多使用者的青睐，市场售价也普遍高于一般的臂式血压计。事实上，腕式电子血压计与臂式电子血压计的测量原理没有本质的不同，所测得的压力值为腕动脉的脉搏压力值，对于大多数中老年人来讲，特别是那些血液黏稠度较高、微循环不畅的患者，用腕式电子血压计与用水银柱式血压计测得的结果相比较，经常会有很大的差异——相差 10mmHg 以上都是很常见的事情，因此不建议老年人选用腕式电子血压计。对于一般正常健康人群来讲，使用腕式血压计只要测量方法正确就可以放心使用，能充分享受其方便携带、测量便捷的优点。

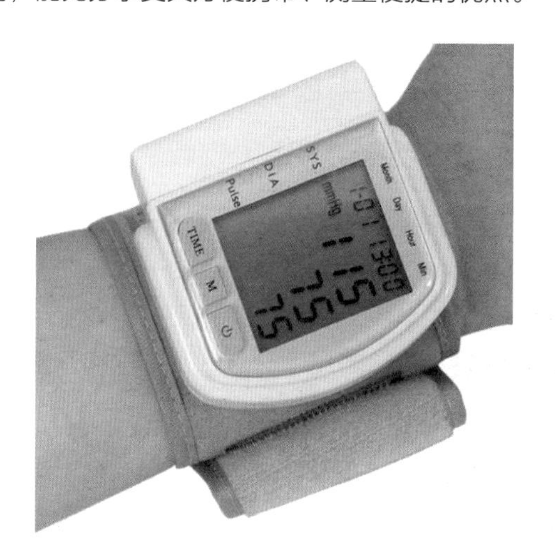

腕式电子血压计

3. 电子血压计需要定期校准

（1）国家对医用血压计要求强制检定

医用血压计早就被我国《计量法》列入国家强制检定计量器具目录，

医院应当请专业计量部门对其进行定期（根据规程为一年）检定，以确保医生对病人病情的诊断与治疗效果，不致由于仪器误差而延误病情。对超周期未检定的，按照《计量法》有关规定严禁使用，还要处以相应的惩罚。

医学计量是确保医疗设备准确、有效、安全、可靠的必要手段，各医疗机构应该本着维护自身利益、保证患者的生命安全的角度出发，积极配合完成医学计量器具的定期检定工作，提高医疗设备的应用质量，使医疗服务机构规范发展，给百姓提供一个放心、安全、可靠的医疗环境；患者在诊疗过程中，也应加强监督意识，主动查看计量器具是否贴有检定合格证。

（2）家用血压计也要进行定期检定

由于家用血压计有较强的隐蔽性，且并不在国家强制检定的医疗卫生强检目录中，一直以来检定率非常低，而且不到无法使用的地步，人们一般都不会送检。电子血压计的核心部件是压力传感器，其性能具有随时间而漂移的特性，长时间不检，示值可能不正确，存在极大的隐患，因此需要定期对其进行检测。

家用电子血压计只能作为日常保健、监控血压变化趋势的参考，不能完全以其测量结果作为诊断，更不能据之随意加减药。按照国家有关规定，电子血压计应该一年一检，消费者可以将其送往相关计量检测部门进行检定。

（由化学分析与医药环境研究所高杨撰稿）

64 安全头盔安不安全看什么？

近年来，登山、滑冰、骑行等运动项目越来越普及，运动带给人们健康和快乐的同时也伴随着安全隐患，安全头盔能够在意外突发时对头部起保护作用而成为运动时必备的防护用品。

安全头盔安不安全看什么？如何选购安全头盔呢？

某质监局在对运动头盔产品开展的监督抽查结果显示不合格率高达80%；其中儿童运动头盔全部不合格，合格率为零。不合格项目主要为抗冲击性能不达标。头盔的抗冲击性能好坏主要取决于制造头盔的材料，优异的材料抗冲击作用强，能在碰撞时吸收大量的冲击能量，最大限度地减轻给佩戴者造成的伤害。

材料的抗冲击性能在冲击试验机上进行测量，测量原理就是能量守恒定律，测量结果用冲击功表示，单位是焦耳（J）。冲击试验机发明至今已有 100 多年历史，因其可以有效地评价材料的抗冲击能力而广泛应用于造船、航空、机械材料等工业领域。冲击试验机按冲击方式及使用领域分为落锤冲击试验机和摆锤冲击试验机两类。落锤冲击试验机主要用于对材料或产品做落体冲击试验，测试其抗冲击性能，安全头盔就是采用落锤冲击测试。摆锤冲击试验机主要用于对材料的抗冲击性能测试，包括金属和非金属标准样品。

用于材料抗冲击性能测试的冲击试验机必须依据国家标准、国家计量检定规程或者国家校准规范计量合格后方可使用，冲击试验机计量的方法有两种：（1）直接检验法。通过检验锤体的质量，落锤高度、摆锤预仰角等分量来评定冲击试验机的准确度等级，其冲击能量值溯源到质量、长度和角度等基本量，落锤冲击试验机和非金属摆锤冲击试验机常采用此方法计量。（2）间接检验法。采用经冲击能国家基准定度赋值的标准冲击试样对摆锤式冲击试验机进行检定，综合评定冲击试验机的准确度等级，其冲击能量值溯源到冲击能国家基准。我国的冲击能国家基准由北京市计量检测科学研究院建立，包括摆锤式冲击能国家基准试验机和标准冲击试样。金属类摆锤冲击试验机常采用此方法计量。

由上述可知，安全头盔的安全性能主要取决于制造这种头盔的材料，只有材料的抗冲击性能符合国家相关标准，安全头盔的安全防护作用才有保障，只有计量检定合格的冲击试验机才能进行材料或产品的抗冲击测试，才能出具相应的合格报告。同时应对不同的场合，制造安全头盔的材料亦有区别，如军用或警用安全头盔通常由金属或者高强碳纤维材料制造，可以有效抵御较强的冲击力甚至高速射来的子弹；民用头盔常用 EPS 材料制造，遇到剧烈撞击时可以通过溃缩、破碎吸收大部分冲击能量。因此在选购安全头盔时，还要根据适用的场所，选购适合自己的并经过质量检验合格具有合格标识的安全头盔。

（由机械制造与智能交通研究所陈龙撰稿）

65 哪种体温计使用更安全?

体温，作为人体最为重要的生命体征参数之一,一直被人们密切关注着。不论是医院的临床诊断，还是家庭日常保健，测体温往往是最直接的诊疗依据，而作为提供参考数据的体温计，就显得尤为重要了。

体温计的种类很多，按照测量方式的不同，可以分为两个大类：非接触式体温计和接触式体温计。顾名思义，所谓非接触式体温计就是指体温计和人体不直接接触，这种体温计主要是指红外耳式体温计，它是根据辐射测温的原理制造的，通过测量鼓膜的辐射亮度非接触地实现了人体温度测量。从人体的角度讲，体温的调节反映在颈内动脉血液的温度上。鼓膜附近有颈内动脉穿过，可以认为鼓膜温度是反映颈内动脉血流的最好标识，被公认为是测量人体中心温度的部位之一。由于生理和实际情况的限制，只有鼓膜适合非接触测试。红外耳式体温计与传统的用水银温度计直接测量体温的方法相比较，有非接触、测温速度快等优点，使用时按说明书的要求将该体温计的探头插入耳道，按下测量按钮，仅用几秒钟就可以测量到人体的温度，非常适合急重病患者、老人、婴幼儿等使用。但在使用初期，使用者由于不太熟悉这种操作方式，可能会得到几个不同的测量数据，一般来讲实测最大值即是所要数据。经过一段时间的熟悉后，使用者会比较满意这种

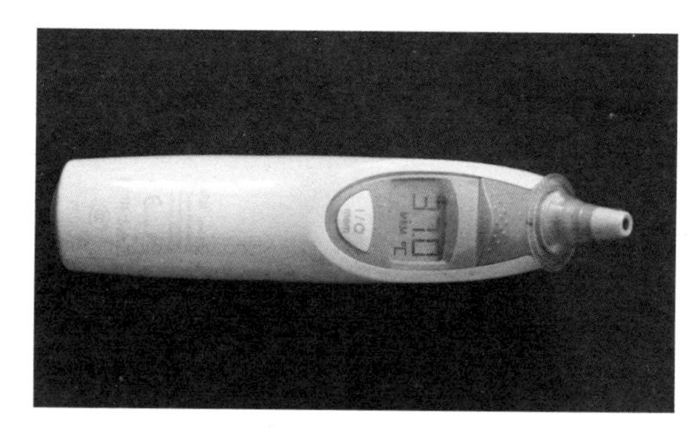

红外耳式体温计

体温计。相对于各类接触式体温计来讲，非接触式体温计的价格往往较贵。

要想获得正确的测量数据，一定要使体温计的感温与测量部位紧密接触并保持至少 5 分钟以上方可。

对于非接触式体温计，更应严格按照操作说明进行测量，在使用初期，使用者由于不太熟悉这种操作方式，可能会得到几个不同的测量数据，一般来讲实测最大值既是所要数据。经过一段时间的熟悉后，使用者会比较满意这种体温计。

我们较为常见的是各类接触式体温计，玻璃体温计作为传统的体温测量器具，长期以来一直在我国广泛使用，它的工作过程是人们熟悉的热胀冷缩原理，即利用水银或其他金属液体在感温泡与毛细孔（管）内的热膨胀作用来测量温度，与普通玻璃温度计不同的是，玻璃体温计在感温泡和毛细孔（管）连接处有一个特殊的最高留点结构，能够在体温计冷却（即感受温度下降）时阻碍感温液柱下降，保持所测体温值。按照结构和功能不同，玻璃体温计可分为三角棒式、新生儿棒式、元宝棒式和内标式几种。由于玻璃的结构比较致密，水银的性能非常稳定，所以玻璃体温计具有示值准确、稳定性高的特点，且价格低廉、不用外接电源，深受人们特别是医务工作者的信赖。但玻璃体温计的缺陷也是比较明显的，在使用和保存中易破碎，存

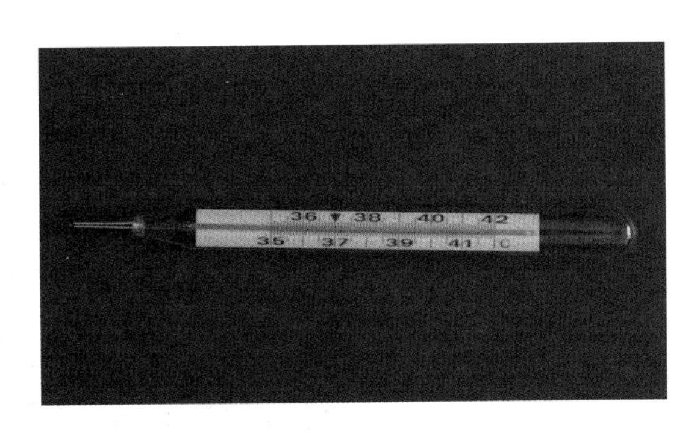

玻璃体温计

在水银污染的可能；测量时间比较长，对急重病患者、老人、婴幼儿等使用不方便；读数比较费事等。近年来，尤其是2004年“非典”后，北京市计量检测科学研究院承担了大量的玻璃体温计检验检测及监督抽查工作，目前我国玻璃体温计的生产厂家早已遍布全国各地，质量也参差不齐，除了体现在示值准确度方面，各种玻璃体温计的运输适应性也相差甚远，消费者还是应该选择大型正规企业生产的产品。随着人们环保意识的逐渐增强，传统的玻璃体温计无论是在生产环节还是在使用环节都具有相当大的安全隐患，一些发达国家已经禁止使用这种玻璃体温计，这种温度计将会被逐渐淘汰，这是大势所趋。但鉴于我国的国情，玻璃体温计还会在相当长的一段时期内存在。

从20世纪90年代后期开始，越来越多的电子式体温计开始出现在人们的生活中，电子式体温计是利用某些物质的物理参数（如热敏电阻）与环境温度之间存在的确定关系，将体温以数字的形式显示出来，读数清晰，携带方便，不易破损，对使用者和环境的适应性强。由此还派生出各种各样的专用体温计，如婴儿体温计、妇女体温计、水温计等，虽然名称千差万别，但都属于电子式体温计的范畴，它的不足之处在于示值准确度受电子元件（特别是传感器）以及电池供电状况等诸多因素影响，目前我国还未出台针对电子式体温计的专用检定规程和校准规范。

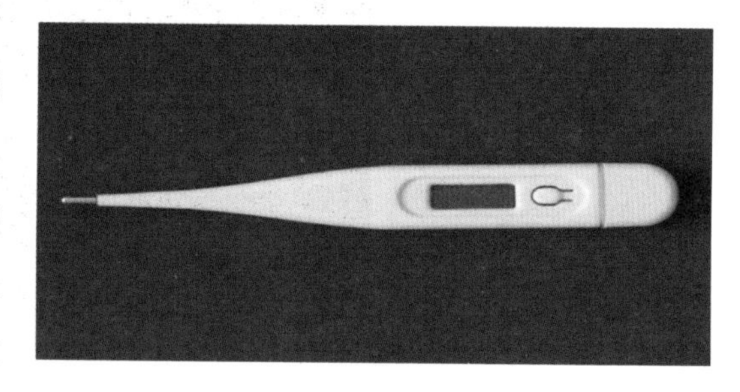
电子式体温计

还有一种奇特的体温计，叫做片式体温计、点阵式体温计或迷你体温计，这种体温计通常只有一张名片的厚度，长6cm~7cm，宽0.5cm左右，感温端是用安全无毒的液晶元件制成，并排列成附有数字的整齐圆点，以变色光点显示体温变化。在进行体温测试后，会发现某一数值以下的圆点全都变暗，而其余圆点颜色不变，使用者即可根据上述变化确定体温。这种片式温度计体积非常小，携带和储存非常方便。由于价格不高、体积小、本身污染非常小，特别适用于医疗机构，可以一次性使用，避免交叉感染。与传统体温计相比，具有无水银、可弯曲、不破碎、携带方便等优点，同时这种体温计可反复使用，取出后其读数将保持30s~45s，然后自动复位，即变暗的感温点又恢复成原始状态，所以它的运输贮存适应性也是相当好的。

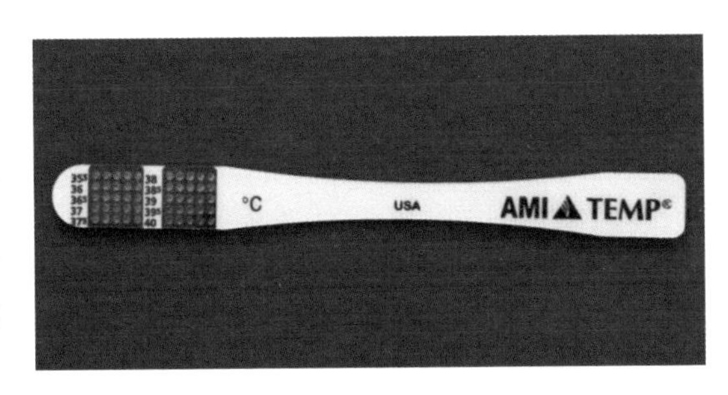

片式体温计

（由热工流量与过程控制研究所余颖撰稿）

66 人体血压是怎样产生的?

血压这个词想必大家都不陌生，但是对于它具体是如何产生的，可能大部分人都还不是很熟悉。液体在容器里会对容器壁形成压力，这是我们众所周知的常识，我们不妨以此为基础来认识血压。所谓的血压是指血液在血管内流动时对血管壁所产生的压力，就像自来水在管道里对管壁产生压力一样，这不难理解。心脏把人体中的血液输送到身体各个部位，但心脏对血液的输送过程并不是恒定的，而是动态的，所以血压也不是一个固定的数值，而是时刻会变化的。心脏收缩的时刻就是推送出血液的时刻，也就是说心脏是通过收缩的动作对连着心脏的动脉血管产生压力并形成流动。心脏像一个泵，是人体各器官所需血液的总供应站，心脏本身的强弱决定了“供血”的状况。其次，我们来看一下血压的产生过程。当心脏收缩时，心脏里的血液被快速排入动脉血管，大量的血液使动脉膨胀，动脉壁所承受的压力就急剧升高，这在医学上叫做收缩压（SBP），也就是心脏收缩射血对血管壁产生的压力，我们通常把收缩压叫做“高压”。心脏收缩后就会舒张，大动脉里的血液依靠它的弹性回缩，把血液继续压向全身动脉系统，这时动脉壁的压力就会下降，医学上称为舒张压（DBP），平时人们称它为“低压”。简单一点地说就是，心脏收缩向主动脉供血，然后主动脉向其他动脉血管供血，心脏舒张，动脉血管的压力减小。心脏的收缩和舒张是一个连续不断的循环过程，而血管内的血压也就形成了高压和低压之间的连续循环。

目前我们常见的血压计就是水银血压计和电子血压计，它们分别使用不同的设计原理，即柯氏音法和示波法。

柯氏音血压测量（水银血压计）是柯氏最早使用的方法，就是通过袖带加气压挤血管，阻断血液流动，这时用听诊器听血管的波动声是没有的，然后慢慢放气至听到脉搏声，此时测得的血压即为高压（收缩压）。继续放气通过听诊器能听到强而有力的脉搏声，且慢慢变轻，直至听到很平稳较正常的脉搏声。这时认为血管处于完全不受挤压的状态，此时测得的血压即为低压（舒张压）。柯氏通过袖带加压和听脉搏音来测量血压，实现了无创测压，对人类医学的贡献是很大的，直到现在很多医生还在用此法测量血压，人们为了纪念柯氏便称此法为柯氏音法。

示波法是 20 世纪 90 年代发展起来的一种比较先进的电子测量血压的方法，其原理如下：首先把袖带捆在手臂上，自动对袖带充气，到一定压力（一般为 180mmHg~230mmHg）开始放气，当气压到一定程度，血流就能通过血管，且有一定的振荡波，振荡波通过气管传播到机器里的压力传感器，压力传感器能实时检测到所测袖带内的压力及波动。逐渐放气，振荡波越来越大。由于袖带与手臂的接触越来越松，压力传感器所检测的压力及波动越来越小。因此我们选择波动最大的时刻为参考点，以这点为基础，向前寻找峰值 0.45 的波动点，这一点所对应的压力为高压（即收缩压），向后寻找峰值 0.75 的波动点，这一点所对应的压力为低压（即舒张压），而波动最高的点所对应的压力为平均压。值得一提的是，0.45 与 0.75 这两个常数，他们并不是一成不变的，有时需要结合临床数据和需要来进行修改。

血压与我们的健康生活息息相关，相信了解它的工作原理和测量方法会对大家以后的工作和学习有所帮助。

（由热工流量与过程控制研究所张宁撰稿）

67 食品加工时的环境温度是如何监控的?

食品加工行业由于对操作及储存有较高的环境温湿度、防尘、防菌等方面的要求，往往采用环境参数远程监控的方式，具体多使用无线温度监控器或温度自动记录仪。

1. 无线温度监控器的工作原理及作用

无线温度监控器是指集温度采集、无线传输、实时远程温度监测、短信控制、温度报警等功能为一体的物联网终端设备。一般具有设备体积小巧、供电时间长、显示直观等特点，主要用于食品药品冷藏、冷冻及运输的温度监控。

无线温度监控器架构：

无线温度监控器 → 服务平台 → 客户端监控 → 无线温度监控器

系统组成：由温度监控软件、协议转换器、短信服务器、3 路温度采集器、温度传感器组成。

无线监控系统主要具有数据采集与传送、数据分析与处理、数据存储与检索、数据表格显示与打印输出、实时控制以及报警等功能。

它目前主要为冷链物流温度监控和粮食存储等行业提供解决方案，是一项基于物联网技术的冷链监控方案，提供了一整套的相关解决方案，为食品在生产、运输、配送、储藏等环节的质量安全问题提供监控、预警、分析、数据存储等服务。

该监控方案能实现对冷链物流运输和配送环节过程中食品温度的实时监控，或是当温度超标时实施报警，也可对运输、配送过程中的温度变化进行记录，以便帮助分析引起温度变化的原因，为解决温度变化问题提供最直接的帮助，也有助于质量事故的责任认定。实现对库房环境及制冷设备实时在线远程监控管理，实现无人值守。

2. 温度自动记录仪的工作原理及作用

自记式温湿度记录仪（又称温湿度自记仪）是专门设计用于超低功耗数据记录的数据记录仪系列产品，能够同时测定环境中的温度、湿度。该产品可以按照组态时间间隔定时采集记录温湿度参数，并可将采集记录的数据传送给计算机进行处理。

温湿度自记仪有两种模式：手动和自动。当其处于自动模式时，只要设定好时间间隔，仪器就能自动采集、记录数据，并将数据发送到计算机。

（由热工流量与过程控制研究所余颖撰稿）

68 温度的℃和℉数值为什么相差那么多?

在电视的天气预报节目中，有时会看到有的城市气温高达98℉、101℉……，由于屏幕画面更新比较快，心里不禁吓一跳，这个城市的温度怎么那么高啊？再仔细看，原来用的是华氏温标（单位：℉），而我们日常使用的多为摄氏温标（单位：℃）。

1. 什么是温标

在温度计量中，温标就是温度的数值表示法，建立温标有三个要素：确定一系列定义固定点（相平衡态），并赋予最佳的热力学温度值；指定内插仪器；确定不同范围内不同的内插公式。温标具有复现性和准确性。历史上出现过很多温标，如经验温标、理想气体温标、热力学温标、国际温标等。

2. 华氏温标和摄氏温标的关系

华氏温标和摄氏温标是应用最为广泛的两种经验温标，即借助于某物质的物理参量与温度的变化关系，用实验方法和经验公式构成的温标。其中还包括列氏温标、兰金温标等。

华氏温标：1714年，Daniel Fahrenheit 制造了性能可靠的水银温度计，并建立了华氏温标。该温标规定在一个标准大气压下，冰的熔点为

32℉，水的沸点为212℉，中间采用线性内插公式。

摄氏温标：1742年，Anders Celsius创建了摄氏温标，以水银为测温物质，冰点定义为0℃，水沸点定义为100℃，中间采用线性内插公式。

华氏温标（t_F）和摄氏温标（t_C）可以互相换算：

$$t_F=\frac{9}{5}t_c+32$$

$$t_c=\frac{5}{9}t_F-32$$

因此造成了电视节目中如果一个城市摄氏温度为32℃，那么华氏温度就有89.6℉之高的原因。

3. 华氏温标和摄氏温标的特点

（1）局限性：即温标的范围过窄。因为早期温标的建立都是同某一温度计相联系的，由于制作温度计的材料和工作物质的限制，使这些温标所能应用的范围非常有限。如在高温段，玻璃温度计的玻璃会软化。

（2）随意性：虽然华氏温标与摄氏温标都选冰熔点和水沸点作为固定点，但是所定义的温度值却不一样。

（3）温标赋予的温度值与测温物质以及选用的固定点相关。上述温标中，温度间隔都是等分的。这就只能假设温度与工作物质的膨胀关系是线性的，而实际情况并非如此。这就造成了中间温度的测量误差。

（4）物质的膨胀规律不同，因此不同温度计所显示的示值，除了定义固定点外，中间各点的示值均有差异。

（由热工流量与过程控制研究所余颖撰稿）

69 如何正确使用和保养家用温湿度计?

1. 常用温湿度计的种类

（1）机械式温湿度计

测温元件为双金属温度计；测湿元件为高分子湿敏材料涂附在弹性金属材料上，做成游丝状感湿元件，通过机械放大装置将由环境湿度变化引起的感湿膜几何量的变化用指针指示出来，或用记录笔记录，直接指示相对湿度。这种温湿度计准确度低，检定不合格率高，适用于对温湿度监测要求不高的场合。

（2）毛发湿度表（计）、毛发湿度记录仪

经过脱脂的毛发长度随湿度的改变而变化，该仪表将此变化量通过机械放大，用指针指示相对湿度，或通过机械和电量的转换，输出表示相对湿度的电信号。

（3）普通干湿表

该仪表是采用自然通风式干湿球原理测量环境相对湿度的湿度表。

干湿表由两支规格完全相同的温度计组成，一支用来测量环境温度，称为干球温度计；另外一支温度计为湿球温度计，其温泡用特制的气象用纱布包裹，并保持湿润。由于湿球纱布上水的蒸发，湿球的温度会随之下降。环境湿度越低，水的蒸发越快，湿球温度就会更低。因此，空气的相对湿度与干、湿球温度差存在一定的函数关系。

（4）电动通风干湿表

该仪表是采用干湿球原理测量环境相对湿度、带有通风电机和防辐射护管的温湿度测量仪表。

电动通风干湿表包括数字显示通风干湿表和没有数字显示的普通电动通风干湿表两种类型；干湿球温度计亦有玻璃水银温度计和铂电阻温度计两种类型。

（5）数字式温湿度表

该仪表中的湿敏元件是湿敏电容或湿敏电阻，依据校准规范《湿度传感器校准规范》（JJF 1076—2001），校准时需要使用恒温恒湿箱。

（6）冷镜式精密露点仪

在等压的条件下将被测气体中的水蒸气冷却至结露或结霜，当水蒸气与水（露）或冰（霜）的表面达到热力学相平衡状态时，测量露层或霜层的温度，即为该气体的露点或霜点温度。采用上述原理的露（霜）点测量方法是目前公认的准确度最高、可靠性最好的测量方法。冷镜式精密露点仪是许多国家计量机构普遍使用的湿度标准器，也是湿度量值国际比对所采用的传递标准。

在我国情况相似，在湿度测量领域，绝大部分使用精密露点仪作为标准，也有用电动通风干湿表作为湿度标准器的。

2. 温湿度计的正确使用方法

（1）温度计

家用温度计的用途主要有测量体温、测量环境温度及其他（如测量水温或油温）等，消费者应根据自己的需要选择适合的温度计。目前，市场上销售的温度计种类繁多，主要有接触式温度计、数字式温度计、表盘式温度计、片式体温计和非接触式温度计等。对于接触式温度计，首先，应看清其测量范围，千万不可超量程使用；其次，应注意带传感器的温度计其传感器的封装方式，内置传感器的温度计只能测量环境温度而不能用于精密测温，而对于外置传感器的温度计，平时应注意对其感温端进行有效的保护（如不要折断，注意防水、防潮等）；第三，使用前应仔细阅读产品使用说明书，以保证温度计的正确使用。对于非接触式温度计，由于其对使用者的操作要求比较高，建议消费者选择测温范围恰能满足使用要求的温度计，同时应严格按照操作使用说明进行测温，以保证测温的准确性、可靠性。

① 对于有外置传感器的温度计，注意保护温度计的测温端，即保护温度传感器，不要发生不必要的弯折和形变。

② 注意防水、防潮，对于内置传感器的仪表尤应注意，同时应注意温度计的正确放置位置。

③ 对于需供电的温度计，及时注意温度计的电量是否充足，并随时补充。

④ 如果是用于测量体温的温度计，应定期对温度计进行清洗、消毒，可以采用 75% 的医用酒精。

⑤ 平时保存温度计时应注意避免长时间暴晒，对于需电池供电的温度计，如长时间不用，应将电池取出，以防电路受到损坏。

⑥ 对于有保护管的温度计，如双金属温度计、压力式温度计等，还应注意在运输、安装、使用过程中，避免碰撞保护管，切勿使之弯曲变形。

⑦ 如果是用于特殊环境的测温，如有酸、碱或腐蚀性环境，使用前一定要确定温度计的适应性。使用完毕后，注意及时清洗温度计，以免对温度计造成损害影响其功能。

（2）湿度计

对于家用湿度计而言，主要有两种：一种是机械式湿度计，一种是电子式湿度计。日常使用注意事项主要体现在读数上。

机械式湿度计一般采用指针形式，读数时一定要注意视线垂直于刻度盘，不能偏视或斜视，以免造成读数误差。

电子式湿度计的特点是没有读数误差，易于观察。但电子式湿度计存在测量误差。使用者根据自己的实际需求，一定要仔细阅读产品说明书，必要时可将湿度计送至具备相应资质的检测机构进行检测，依据产品说明书或检测报告对读数结果进行修正，以确保获得正确的测量结果。

（由热工流量与过程控制研究所余颖撰稿）

70 你会读温度计吗?

温度计按照读数方式总体可分为电子温度计、机械式温度计和玻璃温度计，各种温度计均应待示值稳定后方可读数，这对于前两种温度计较好操作，读数时可一目了然，但玻璃温度计读数时，除应待示值稳定后，还须注意读数时视线与感温液面垂直，否则会带来一定的误差，影响测量结果的准确性。

1. 玻璃温度计正确读数注意事项

由于玻璃温度计内的感温液体的材质不同，导致玻璃液体温度计感温液面有时凹，有时凸。液体表面的凹凸跟液体的表面张力有关。由于液体表面层（即液体跟空气接触处的薄层）里分子的分布密度比液体内部的小，分子间的距离比液体内部大，因此分子间的相互作用表现为张力，使得液面各部分之间相互吸引，这种引力叫液体表面张力。由此可知，液体表面张力是一部分液体表面与另一部分液体表面之间的相互作用，是作用在液体表面的。

液体表面的凹凸主要取决于液体与盛液体的容器之间的分子引力是大于还是小于液体滋生的表面张力。液体分子之间的张力如果大于液体与器壁分子之间的引力，那么液面是凸的，这种现象叫做“不浸润”；如果液体分子之间的张力小于液体与器壁分子之间的引力，那么液面是凹的，这种现象叫做“浸润”；当张力相等时则是平的。

水银温度计中的液面是凸的，有机液体温度计中的液面是凹的。温度计读数时，视线应与温度计相垂直，读取液柱弯月面的最高点（水银温度计）或液柱弯月面的最低点（有机液体温度计），读数要估读到示值的

1/10。

2. 其他温度计正确读数注意事项

在进行体温测量时还应注意：由于接触式体温计一般都用在口腔、腋下、肛门等部位，为了获得准确的体温数据，将体温计与人体相应部位充分接触是非常关键的，用在腋下时，一定要用力夹紧；用在口腔时，一定要将体温计放在舌下，稍用力压住，通常测量时间不得少于 3min。测量后体温计必须清洗消毒。

在使用体温计的时候，应该注意仔细阅读使用说明书，注意操作要点。同时注意选择的体温计是否有相应的检验测试报告，并且符合示值误差不超过 ±0.10℃的要求。无论选用哪一种体温计，最好一人一支，以避免交叉感染。

（由热工流量与过程控制研究所余颖撰稿）

71 你懂这些计量标识吗?

(MA) 计量认证 Metrology Approval Certification

计量认证是指国家认监委和地方质监部门依据有关法律、行政法规的规定，对为社会提供公证数据的产品质量检验机构的计量检定、测试设备的工作性能、工作环境和人员的操作技能以及保证量值统一、准确的措施及检测数据公正可靠的质量体系能力进行的考核。

(MC) 制造计量器具许可证 China of Metrology Certification

我国《计量法》规定，对制造、修理计量器具实行许可证制度，实质上是由政府计量行政部门对制造、修理计量器具的单位是否具有制造、修理此种计量器具的资格和能力进行的一种认可，是政府对企业、事业单位实行的一种法制性的监督管理。

(PA) 计量器具型式批准 Pattern Evaluation Certification

计量器具型式批准是承认计量器具的型式符合法定要求的决定。

为确定计量器具型式可否予以批准，或是否应当签发拒绝批准文件，而对该计量器具型式进行检查，即型式评价和符合性检查。

（由热工流量与过程控制研究所余颖撰稿）

72 机场的发热筛查准确吗?

机场发热筛查所用仪器多为红外筛检仪，它是一种利用红外测温技术对人体表面温度进行快速测量，当人体表面温度达到或超过预设警示温度时进行警示的温度筛检仪器。该仪器属于非接触测温计量器具的一种，由于不直接接触被测物体，因此不扰动和不破坏被测物体的温场和热平衡。用于测量体温的非接触测温计量器具还有红外辐射温度计、红外热像仪、红外耳温计等。它们的测温原理是基于辐射测温，以物体的辐射强度与温度成一定的函数关系为基础的。测温时只需把辐射温度计的探测器对准被测物体，即可测出被测物体的温度。测出的温度是被测物体的表面温度，当被测物体内部温度分布不均匀时，不能测出物体的内部温度。由于受物体发射率的影响，测得的温度是辐射温度而不是真实温度，因此需要修

正。测温时受客观环境的影响也比较大，如烟雾、灰尘、水蒸气、二氧化碳等中间介质。经过大量的试验，在一定的测试条件下我们找出了人的额头温度和人体实际温度之间的关系，并在软件中进行了补偿修正，可以说在“非典”期间红外人体表面温度快速筛检仪在边检、关口、机场、车站、码头等场合的大量使用对大流动性人员的体温筛检起到了很大的作用。

红外人体表面温度快速筛检仪使用前应用偏差设定修正功能，修正参数后再使用。红外测温技术是成熟的，红外测温仪是可以作为第一道测量体温的有力工具的。

（由热工流量与过程控制研究所余颖撰稿）

时代科技

73 世界计量日为什么定在每年的 5 月 20 日?

众所周知，科学技术是人类生存和发展的一个重要基础，没有科学技术，便不可能有人类的今天。计量技术作为科学技术的一个重要组成部分，随着科技和经济的发展、社会的进步，计量的作用和意义已日益明显。

1. 国际计量组织的成立

1875 年 5 月 20 日，17 个国家在法国巴黎签署了“米制公约”。这是一项在全球范围内采用国际单位制和保证测量结果一致的政府间协议。国际米制公约组织自成立 100 多年来，在保证国际计量标准统一、促进国际贸易和科技发展方面发挥了巨大作用。

2. 世界计量日的确定

1999 年，第二十一届国际计量大会把每年的 5 月 20 日确定为“世界计量日”，以后每年的这一天，国际计量组织都会确定一个宣传主题，各国都以各种形式进行庆祝，以引起全社会对计量的关注，使计量在推动科技和国民经济发展中发挥更大的作用。“世界计量日”的确定，使人类对计量的认识跃上一个新的高度，也使计量对社会的影响进入一个新的阶段。

世界计量日是推广计量的世界性纪念日，2016 年世界计量日主题反映的是动态数据的准确测量，及须适应如今科技快速发展的新型计量模式。计量是支撑社会、经济和科技发展的重要基础。现如今，在第四次工业革命的大时代背景下，动态数据的准确测量和新型的计量方法尤为重要。如工频到变频、传统材料到新型材料、常规能源到新能源等技术不断革新着世界，那么捕捉实时数据，依靠传统的测量方式难以满足，世界亟须新方法来适应新时代。

（由能源资源与远程监测研究所刘健撰稿）

74 使用无线路由器是否安全呢？

无线路由器究竟有没有辐射？在回答这个问题之前，我们先解释一下什么是“辐射”和“电磁辐射”！

1. 什么是辐射

辐射是指能量以波或次原子粒子移动的形态传送；辐射之能量从辐射源向外所有方向直线放射。辐射依其能量的高低及电离物质的能力分为电离辐射和非电离辐射，其中电离辐射是指波长短、频率高、能量高的射线（粒子或波的双重形式），例如 α 射线、β 射线、中子等高能粒子流与 γ 射线、X 射线等高能电磁波；而非电离辐射是指与 X 射线相比波长较长的电磁波，由于其能量低，不能引起物质的电离，故称为非电离辐射，例如近紫外线与可见光、红外线、微波和无线电波等电离能力较弱的电磁波。简单理解就是电离辐射能量高，很危险，比如医院的放射科（X 射线）都会有警告标志；而非电离辐射能量低，比如自然界中的光，因此相对较为安全。

2. 什么是电磁辐射

电磁辐射，属于非电离辐射，而且只要是本身温度大于绝对零度的物体，都可以发射电磁辐射，而世界上并不存在温度等于或低于绝对零度的物体，也就是说，人们周边所有的物体时刻都在发生电磁辐射。因此可以说，无线路由器一定会产生辐射，只不过其产生的也是属于非电离辐射的电磁辐射，这与令人恐惧的核辐射、X 射线等电离辐射有着非常大的区别，就好像自然光与核辐射的区别。

3. 电子产品的电磁辐射限值

相信在了解了电磁辐射与电离辐射的区别之后，大家已经消除了对无线路由器的恐惧，但不少朋友的担忧恐怕仍在。没错，即便电磁辐射没有那么危险，但一旦“超标”，同样会对人体造成伤害。那么无线路由器的电磁辐射是否“超标”了呢?

手机、无线路由器工作的频段集中在 30MHz~3GHz，根据我国现行的国家标准 GB 8702—2014《电磁环境控制限值》中对公众照射限值的规定，这类电子产品的电磁辐射在 40μW/cm^2 以下，即是安全的 [欧盟的标准是 450μW/cm^2；美国则是 600μW/cm^2（900MHz）、50μW/cm^2（2.4G），均明显高于我国的标准]。

4. 无线路由器的电磁辐射测试

测试方法：选取多台主流无线路由器（包括 TP-LINK、D-Link、网件、华硕、腾达等品牌）进行测试，使用 100MHz~3GHz 高频场强测试仪进行，由于电磁辐射会随着距离增大快速衰减，仪器探头选择贴近无线路由器机身和发射天线的位置，以便获得极限测量值。

通过对多台主流无线路由器的实际测试，它们在正常工作状态下的电磁辐射测试结果在 17μW/cm^2~25μW/cm^2。通过 NetIQ Chariot 软件模拟 20pairs 下行 + 上行数据传输，即在满载工作状态下测量无线路由器辐射场强，经测试，它们在满载工作状态下的电磁辐射测试结果在 24μW/cm^2~31μW/cm^2。

通过针对主流无线路由器的实际测试我们不难看出，即使在极限条件下，无线路由器的电磁辐射测试结果也明显低于我国的标准（40μW/c㎡），更是远低于欧洲的标准，因此可以说，用户无需担心无线路由器的电磁辐射问题，可以放心使用。

当然，前提是你所选购的是在中国市场销售的正规品牌行货无线路由器。

5. 怎样避免无线路由器的电磁辐射

虽然用户已无需对无线路由器所产生的电磁辐射担忧，但在使用无线路由器时仍有一些小细节值得注意，这样才能更好地避免电磁辐射的侵袭。下面我们就为大家总结一下：

（1）不要把无线路由器和家用电器以及其他无线设备（蓝牙鼠标、无线耳机、无绳电话等）摆放在一起（或叠加在一起）使用，以避免电磁辐射量的累加，以及设备间的相互干扰。

（2）不要将无线路由器放在床头，建议与其保持 1m 以上的距离；而在晚上休息时，建议关闭无线路由器，既为环保（无线路由器耗电量不低），同时也为健康。

（3）不盲目调节无线发射（传输）功率，远离非正规品牌无线产品以及大功率无线产品。

（4）建议将无线路由器安装在墙壁高处或屋顶上，这样不仅拉开了与其之间的距离，减少了电磁辐射，还能获得更好的无线覆盖效果。

（5）设置好无线密码和管理员密码，因为一旦你的无线网络被“蹭网者”掌控，那么为了提升使用效果（将无线覆盖范围扩大），他通常会调高你家无线路由器的发射功率（甚至会通过刷新固件来破解功率限制），此时你家的电磁辐射自然会增加。结果就是不仅你的数据信息危险了，身体健康也受到了影响。

（由电磁信息与卫星导航研究所许原撰稿）

75 手机用耳机接听可以防止辐射吗?

在科技不断进步的今天，手机已经成为人们日常生活中不可缺少的一部分。无论是日常生活中与朋友的交际，还是工作中的沟通都离不开手机，下班后的娱乐同样与手机有着很大的关联。手机作为人们经常携带的通信工具，它所产生的电磁辐射对人体健康的影响同时也成为人们关心的热门话题。当人们使用手机时，手机会向通信基站传送无线电波，这些电波就是我们通常所说的手机辐射。

1. 手机辐射的电磁波对人体的直接影响

任何一种电波或多或少地被人体吸收后，都有可能对人体健康造成影响。总的来说，手机辐射的电磁波对人体主要有如下两个方面的直接影响。其一是手机射频辐射的热效应。手机辐射的电磁波被人体吸收后会使局部组织升温，造成生物破坏，若一次通话时间过久，而且姿势保持不变，会使局部组织升温，造成病变。所以，一旦感到脸部发热的时候，要立即停止手机通话并在短时间内不再使用。最近在网上有一个很流行的视频，叫做“手机爆米花”。讲的是几个日本年轻人将四个手机对在一起，手机中间放置了一些用于爆米花的玉米粒，然后同时给四个手机打电话，当四个手机接收信号后经过一段时间，中间的玉米粒变成了爆米花。可见手机辐射的热效应在某些情况下是相当可观的，3G 手机的视频业务导致的热效应比普通的通话业务要强 3 倍。其二是手机辐射的非热效应。人体的器官和组织都存在微弱的电磁场，它们是稳定和有序的，一旦受到外界电磁场的干扰，处于平衡状态的人体电磁场即遭到破坏，人体组织也会遭受损伤。它可能使经常使用手机的人产生比较严重的神经衰弱症候群，如头痛、头晕、乏力等不适，记忆力下降以及一些潜在的生物破坏。

2. 减少手机辐射的防护措施

广为流传的一项防护措施是使用耳机接听手机通话。配备耳机通话是比较理想的防护措施。我国的泰尔实验室通过对国内多个型号的手机详细测试发现，使用耳机通话比直接用手机通话，头部受到的辐射要小得多。但是，从手机的电磁波辐射特性可知，该频段的电磁波长在 0.3m 左右，可以与耳机的线长比较，因此，在某些位置，耳机线确实起到天线的作用，会将部分电磁辐射导入脑部。正如英国《Which》杂志所指出的，“耳机并非一点用处都没有，只是它既可能减少辐射，又可能增强辐射，在大部分位置可以把手机的辐射减少 10% ~90%，但在其他位置，可能把辐射增加 1.5~3.5 倍。”辐射的程度取决于耳机和手机天线顶端之间的距离，而这个距离是随手机用户使用手机的姿势不同而变化的。

总的来说，手机用户并不能完全指望用免提装置（如耳机等）来减少辐射的危害。根据北京市计量检测科学研究院进行的手机辐射测试，用户在拨号时手机发射功率达到最大值，大约是通话时的 10 倍，所以最有效的防止手机辐射头部的方法是在拨号时将手机置于远离头部约 1m 的位置（将持有手机的手臂伸展），接通后再置于耳部。

（由电磁信息与卫星导航研究所许原撰稿）

76 “一秒”到底有多长?

上下四方为宇，古往今来为宙。宇宙中一切物质的起源和消亡，世间一切事物的产生和终结，地球上一切生命的诞生和灭亡，所有这些与时间紧密相关。日月更替，斗转星移，花开花落，人类数千年的文明在时间的长河中缓缓流淌，时间见证了这一切变化，而日益先进的科学技术使得我们能够更准确地去感知时间。

1. 历史上对秒的定义

时间属于天文学研究的对象，时间是看不见、摸不着的。天文学家煞费苦心找了千年也找不到定义时间秒的参照物。后来，只有靠天象来确定秒的标准。在 19 世纪末，天文学家只能通过细分年的长度来确定秒的长度。他们把秒定义为一个回归年长度的 1/31 556 925.974 7 的时间长度。起始历元为 1900 年 1 月 0 日 12 时正。这是人类历史上第一次对时间基本计量单位——秒的定义。但是，这里的秒是以一个回归年为参照的，是把地球自转作为一台钟来计量的，一个回归年长度能保证精确到什么程度呢？地球自转的世界时是不均匀的，那么，“秒”的长度是否也要变呢？可见用细分年的长度来确定秒的标准是天文学家的无奈之举，在没有更好的计量方法之前也只能是这样了。还有一个原因是当时还没有发现地球自转是不均匀的。

2. 当代秒的定义及最新进展

20 世纪中期，科技进步使人类有了计时精确的原子钟，于是秒的基准定义有了第二次改革。1967 年的第 13 届国际计量大会上确定以铯原子钟为计时标准，确定“秒”为时间的基本计量单位，并定义“秒”的物理标准为：在海平面零磁场的条件下，“铯 133 原子两个基态能级的转换所经过的 9 192 631 770 个电磁波辐射周期”所需要的时间。这样，秒的基准定义就建立在电磁波频率的基础上了。可见，时间的长河尽管悠久，但科学的时间计量的基本单位——“秒”的定义还很年轻。从靠天决定秒的长度到从原子时决定秒的长度，这是人类科技进步的结果，是计量科学一个质的飞跃，是人类进入现代科学技术的划时代的标志。此定义一直延续至今。

目前，中国计量科学研究院“高准确度原子光学频率标准仪的研制与开发”的课题已通过国家质检总局专家的验收，中国锶原子光钟或将改变“秒”的内涵。与现行的铯原子钟比较，光钟具有实现更高准确度的潜力，被公认为下一代时间频率基准。用光钟替代现行的铯原子喷泉钟来重新定义秒，可以显著提高卫星导航系统的定位精度，这也意味着我们能在一天之中挤压出更多时间。

3. 一秒钟的价值

“滴答”一声，一秒就过去了，对于普通人来说，一秒算不得什么，不会影响到人们的生活，甚至在眨眼的瞬间就过去了。因为，人们日常生活中往往精确不到“秒”。但是同样的一秒钟，世界人口增加 2.4 人，格陵兰岛的冰川融化 1620 立方米，全球排放 39 万立方米的二氧化碳、消耗淡水 103 吨、消耗电力 40 万千瓦等，这些影响足以改变我们的生活。一秒钟的价值就在于一根导线接好了，一个数据记录正确了……我们能做的就是一秒钟多些谨慎，一秒钟多些兢兢业业，那么我们的各行各业都能健康稳定地发展。

（由电磁信息与卫星导航研究所仲崇霞撰稿）

77 “闰秒”在时间计量上是什么意思?

1.“闰秒”是什么

闰秒（或跳秒），是指为保持协调世界时接近于世界时时刻，由国际计量局统一规定在年底或年中（也可能在季末）对协调世界时增加或减少1秒的调整。由于地球自转的不均匀性和长期变慢性（主要由潮汐摩擦引起的），使世界时（民用时）和原子时之间相差超过 ±0.9 秒时，就把世界时向前拨 1 秒（负闰秒，最后一分钟为 59 秒）或向后拨 1 秒（正闰秒，最后一分钟为 61 秒）；闰秒一般加在公历年末或公历六月末。

目前，全球已经进行了 26 次闰秒。最近一次闰秒于北京时间 2015 年 7 月 1 日早晨 7 时 59 分 59 秒和 8 时 00 分 00 秒之间出现，下一次闰秒将在 2017 年 1 月 1 日 7 时 59 分 59 秒和 8 时 00 分 00 秒之间出现。

2.“闰秒”实施方法

闰秒由国际地球自转服务组织（IERS）决定。如果是正闰秒，则在闰秒当天的 23 时 59 分 59 秒后插入 1 秒，插入后的时序是：……58 秒，59 秒，60 秒，0 秒……这表示地球自转慢了，这一天不是 86400 秒，而是 86401 秒；如果是负闰秒，则把闰秒当天的 23 时 59 分中的第 59 秒去掉，去掉后的时序是：……57 秒，58 秒，0 秒……这一天是 86399 秒。

3.“闰秒”的影响

闰秒的调整对普通民众的日常生活并没有影响，时间快一秒或慢一秒大家都感觉不出来。但对于一些特殊行业来说，却会带来很大的影响。地球转了那么多年，误差日积月累，从量变到质变，如果不设法校准，那么所有的当日都有可能变成昨日。

对于航空航天和军事、潜水、电力部门等，1 秒的误差足以引起极大的影响。比如在航天领域，飞船 1 秒就要飞行将近 8 公里的路程，差了 1 秒，误差可就大了：飞船轨道可能偏移，飞船着陆地点可能相差十万八千里，更糟糕的是飞船的安全会受到巨大威胁。再比如网络通信商，协调世界时被用在很多互联网的标准中，网络时间协议就是其中一种。如果出现 1 秒的误差，全世界那么多台电脑一下子都乱套了。另外，电网故障的维修、并网，都需要使用精密时间，如果出现 1 秒的误差，可能会导致整张电网的停电，甚至崩溃。

如果不实施闰秒会有什么影响呢？按照世界时与原子时之间时差的累积速度来看（39 年相差 24 秒），大概在七八千年后，太阳升起的时间可能会与现在相差 2 小时。闰秒也有很多不足之处，通信、航天、电子等时间精度要求较高的领域需要时间的连续性，闰秒的出现客观上导致了时间的中断。

4.“闰秒”引发的争议

赞成方称，原子时“太精确”也会带来问题，因为人类早已习惯以“日居正中”作为中午的标准，若不闰秒，五千年后“日居正中”将是下午 1 时。

反对方称，格林威治时间应由位于法国巴黎外的“国际原子时间”所取代，因为后者采用先进技术运算，可准确显示到纳秒，何况加闰秒会很混乱。从卫星导航、供电到移动通讯等，凡事都可能因为疏忽那 1 秒，或未能及时在不同时区加闰秒，引起程序系统问题。

美国、日本、法国等已向国际电信联盟递交了以原子时取代格林威治时间的申请。中、英两国明确表示反对。是否废止闰秒，目前还没有达成一致意见，“闰秒”暂时将继续存在。

（由电磁信息与卫星导航研究所仲崇霞撰稿）

78 “我想静静”到底有多静?

网络热词“我想静静”一度被热炒，甚至入选 2015 年十大网络用语。它来源于秋裤大叔的歌《我想静静》，不但唱出了中年男人生活压力下的无奈，同时也唱出了人们对于安静环境的迫切需求，“我想静静”顷刻成为老少皆宜的热词，风靡网络。那么，当我们需要静静的时候，到底得有多静？我们通常所说的声音大小是通过什么来准确描述的?

声音准确来说应该叫声波，是一种由物体振动产生的、通过任何物质传播形成的运动，是通过介质（空气或固体、液体）传播并能被人或动物听觉器官所感知的波动现象。

声音作为一种波，具有三大特性：

（1）响度：人主观上感觉声音的大小（俗称音量），由“振幅”和人离声源的距离决定：振幅越大，响度越大；人和声源的距离越小，响度越大。单位为分贝（dB）。

（2）音调：声音的高低（高音、低音），由“频率”决定，频率越高，音调越高。音调的单位为赫兹（Hz），人耳听觉范围为 20Hz~20 000Hz。20Hz 以下称次声波，20 000Hz 以上称超声波。

（3）音色：声音的特性，由发声物体本身的材料、结构决定。

从声音的特性知道，声音大小与频率高低、振幅大小、距离远近等因素有关：在频率上，越靠近次声波、超声波，声音越小，说明与频率高低有关；越是重锤擂鼓，声音越大，说明与振幅有关；距离越远，声音越小，说明与距离有关。

当我们想静静的时候，“静静”指的是外界声音的响度，其大小通常用分贝来表示。分贝是一种测量声音相对响度的计算单位，大约等于人耳通常可觉察响度差别的最小值。把人耳能听到的最小声音规定为 1，其他声音与这一声音比较，得到一个倍数，把这一倍数取对数，即得贝尔数，如 100 倍就是 2 贝尔（B），贝尔这个单位较大，通常用贝尔的十分之一，也就是分贝（dB）表示。10dB 大约是人刚刚能感觉到的声音。一般声音在 30dB 左右时不会影响正常的生活和休息，而达到 50dB 以上时，人们有较大的感觉，很难入睡。10dB~20dB，很静，几乎感觉不到；20dB~40dB，相当于轻声说话；40dB~60dB，相当于普通室内谈话；60dB~70dB，相当于大声喊叫，有损神经；70dB~90dB，很吵，长期在这种环境下学习和生活，会使人的神经细胞逐渐受到破坏；90dB~100dB，会使听力受损；100dB~120dB，使人难以忍受，几分钟就可暂时致聋。

大家已经知道声音主要以“分贝”作为量度单位，从而判断其音量的高低。一般来说当四周环境为 20dB~30dB 便已十分安静，但到底全球最静的地方又在哪里呢？ 答案就是微软的 Building 87 消音室，竟然能造出比 0dB 还要低的环境，身处在内绝对会静到让人感觉恐怖。

人感受声音的大小还和距离声源的远近有关系，那么声音大小和距离有什么关系？声音音量的大小体现在具体的波上面就是波振动的幅度。声音越大，振动幅度越大，在同等消耗的情况下，随着声音的传播，振动的幅度越来越小，且变小的速率一致。所以，起始振动幅度越大，传播的时间就越长，反之越短。声音在空气介质中传播时，传播速率相同，所以声音越大，传播距离越远，反之越近。声音在传播过程中因空气的吸收和热传导等因素会发生声音衰减，在常温下球面声波随距离衰减的表达式为：

$$L_p = L_W - 20\lg r - k$$

式中：

L_p——声压级，单位为分贝（dB）；

L_W——声功率级，单位为分贝（dB）；

r——声音传播的距离，单位为米（m）；

k——修正系数，自由空间 k = 11，半自由空间 k = 8。

所以当你的另一半或者孩子说“我想静静”的时候，周围的声音需要在 30dB 左右，而你如果恰恰是个大嗓门，声源大小是 70dB 左右，那么请保持与你的伴侣或者孩子至少 10m，他她才会感到安静。在外界噪音越来越多、生活压力越来越大的时候，至少在家里让我们学会科学地保持安静，你能做到吗？！

（由化学分析与医药环境研究所潘一廷撰稿）

79 办公场所的烟雾报警器有多灵敏?

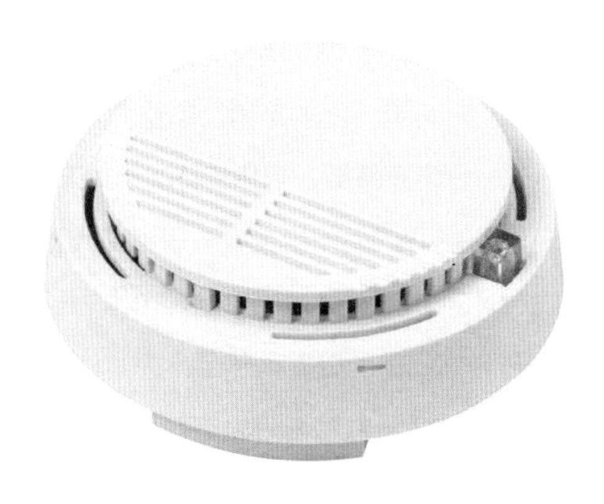

烟雾报警器，又称感烟火灾探测器，顾名思义是一种用于检测烟雾的感应传感器，一旦发生火灾，其内部的电子扬声器便会及时提供报警。首先我们要了解下什么是烟雾。烟雾是燃烧产生的由多相物质组成的气溶胶，通常包括可燃物热解或燃烧产生的气相燃烧产物，卷吸进去的大量空气，未完全燃烧的液、固相分解物和微小颗粒。其中烟颗粒是指肉眼可见的燃烧生成物，液体或固体微粒，其粒子直径多为0.01μm~1μm。烟雾具有很大的流动性，它能潜入建筑物的任何空间；烟雾具有毒性，它对人的生命具有特别大的威胁，火灾中约有70%的死者是由于燃烧气体或烟雾窒息造成的。绝大多数物质在燃烧的开始阶段，首先产生烟雾，因此要实现早期发现火灾，减少火灾损失，在通常情况下利用感烟火灾探测器会有良好效果。这种探测器可探测70%以上的火灾。感烟火灾探测器是目前世界上应用最普遍、数量最多的探测器。

1. 烟雾报警器的原理

烟雾报警器是由两部分组成：一是用于检测烟雾的感应传感器，二是声音非常响亮的电子扬声器，一旦发生危险可以及时警醒人们。从原理来说，烟雾报警器就是通过监测烟雾的浓度来实现火灾防范。烟雾报警器从使用的传感器来分，可分为离子烟雾报警器和光电烟雾报警器，这两种报警器也是当今世界上使用得最为普遍的两种报警器。

离子烟雾报警器有一个电离室，电离室所用放射元素为镅 241（^{241}Am），强度约 0.8 μCi[①]，正常状态下处于电场的平衡状态，当有烟尘进入电离室会破坏这种平衡关系，报警电路检测到浓度超过设定的阈值时会发出警报。在电离室中镅 241 电离产生的正、负离子，在电场的作用下各自向正负电极移动，在正常的情况下，内外电离室的电流、电压都是稳定的。一旦有烟雾进入电离室，干扰了带电粒子的正常运动，稳定的电流和电压就会有所改变，破坏了电离室之间的平衡，于是无线发射器发出报警信号，通知远方的接收主机，将报警信息传递出去。

光电烟雾报警器是通过一束光和一个光的感应器来测量烟的浓度的。该装置在初始状态下，光束是偏离感应器的。当烟雾进入感应室后，通过折射、反射，烟雾粒子会将部分光束散射到感应器上。当烟雾的浓度逐渐加重，就会有更多的光束被散射到感应器上。当到达感应器的光束达到一定的程度，蜂鸣器就会响起。

离子烟雾报警器对微小的烟雾粒子的感应要灵敏一些，对各种烟能均衡响应；而光电烟雾报警器对稍大的烟雾粒子的感应较灵敏，对灰烟、黑烟响应差些。明火（如燃烧的报纸）和快速燃烧的熊熊大火，空气中烟雾的微小粒子较多，离子报警器会比光电报警器先报警。而光电报警器对稍大的烟雾粒子的感应较快，阴燃（如烟头点燃沙发）的时候，空气中稍大的烟雾粒子会多一些，那么光电报警器会比离子报警器先报警。这两种报警器的时间间隔不大，但是很多火灾的蔓延极快，所以时间对于挽救生命

---

① $1Ci = 3.7 \times 10^{10} Bq$。

是至关重要的，我们要根据需要正确的选择烟雾报警器。

2. 灵敏度确定

（1）光电烟雾报警器（灵敏度用减光系数 m 表示）：

Ⅰ级：$m \leqslant 0.5$dB/m；

Ⅱ级：0.5dB/m<$m \leqslant 1$dB/m；

Ⅲ级：1dB/m<$m \leqslant 2$dB/m。

按照光衰减来划分，Ⅰ级最灵敏，Ⅲ级灵敏度最低。

（2）离子烟雾报警器（灵敏度用电流相对强度 y 表示）：

Ⅰ级：$y \leqslant 1.5$；

Ⅱ级：1.5<$y \leqslant 3.0$；

Ⅲ级：3.0<$y \leqslant 6.0$。

按照电流相对强度来划分，Ⅰ级最灵敏，Ⅲ级灵敏度最低。

3. 如何减少误报

误报是一个很严重的问题。当火灾没有发生的时候，烟雾报警器却不断地发出警报，人们可能会将它撤去，或者形成“狼来了”的反应而置之不理，那么当火灾确实发生的时候就会酿成大祸。误报的原因，依次如下：

（1）烹饪

许多对烹饪产生烟雾的误报是由离子烟雾报警器发出的。因为这种报警器对极微小的烟雾粒子较敏感，即使是人的肉眼无法看到的粒子。而烹饪高温产生的烟雾粒子正是人的肉眼无法看到的。有两种基本的解决办法：一是移动报警器的位置。将报警器安装在离烹饪处较远的地方，这样烹饪产生的烟雾在到达报警器的时候已经变得很稀薄，从而减少误报。但这种方法不一定总是管用，尤其当空气的流动将烹饪产生的烟雾带到报警器的时候也会产生误报。所以当移动报警器的时候一定要先弄清楚空气的流向。二是替换报警器：1）买一个新的带有静音按钮的离子烟雾报警器。只要一摁按钮，报警器就会停止报警 15min，这样就有足够的时间让烹饪产生的烟雾扩散掉。2）买一个光感烟雾报警器。光电烟雾报警器对微小的烟雾粒子不太敏感，所以对烹饪产生的烟雾粒子不会产生误报。

（2）蒸汽或湿气的影响

蒸汽或者湿气会浓缩在报警器的传感器和线路板上，如果浓缩太多水汽的话就会发出警报。解决方法：将报警装置安装在离蒸汽和湿气较远的地方，例如浴室的走廊就不应安装报警器，这样就可以解决问题。然而，如果报警器本来能正常工作，现在却对蒸汽或湿气起反应，那么问题可能是报警器老化的原因。较老的报警器会变得更加敏感，也更容易对蒸汽和湿气产生响应。所以误报的发生也可能是报警器超过了使用年限，需要替换了。

（3）香烟产生的烟雾

一般情况下，烟雾报警器是不会对香烟的烟雾发出响应的，除非产生的烟雾非常浓重，如许多抽烟者都在同一个屋子抽烟就可能导致报警器报警。

（由化学分析与医药环境研究所潘一廷撰稿）

80 如何用计量的眼光看待 PM2.5？

1. PM2. 5 是什么

PM2.5 指环境空气中空气动力学当量直径≤ 2.5 μm 的颗粒物，又称细颗粒物。它能较长时间悬浮于空气中，其在空气中含量浓度越高，就代表空气污染越严重。虽然 PM2.5 只是地球大气中含量很少的成分，但它对空气质量和能见度等有重要的影响。与较粗的大气颗粒物相比，PM2.5 粒径小、面积大、活性强，易附带有毒、有害物质（如重金属、微生物等），且在大气中的停留时间长、输送距离远，因而对人体健康和大气环境质量的影响更大。

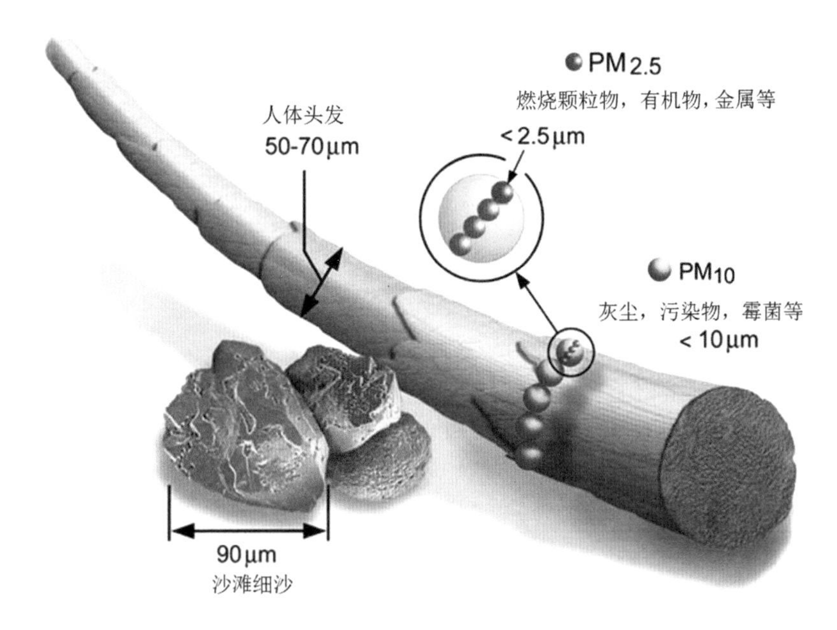

颗粒物相对大小

雾霾天的“罪魁祸首”

2. PM2. 5 的来源

PM2.5 的成分很复杂，主要取决于其来源，主要有自然源和人为源两种，但危害较大的是后者。

自然源包括土壤扬尘（含有氧化物矿物和其他成分）、海盐（颗粒物的第二大来源，其组成与海水的成分类似）、植物花粉、孢子、细菌等。自然界中的灾害事件，如火山爆发向大气中排放了大量的火山灰，森林大火或裸露的煤源大火及尘暴事件都会将大量细颗粒物输送到大气层中。

人为源包括固定源和流动源。固定源包括各种燃料燃烧源，如发电、冶金、石油、化学、纺织印染等各种工业过程，以及供热、烹调过程中燃煤与燃气或燃油排放的烟尘。流动源主要是各类交通工具在运行过程中使用燃料时向大气中排放的尾气。

PM2.5 可以由硫和氮的氧化物转化而成。而这些气体污染物往往是人类对化石燃料（煤、石油等）和垃圾的燃烧造成的。在发展中国家，煤炭燃烧是家庭取暖和能源供应的主要方式。没有先进废气处理装置的柴油汽车也是颗粒物的来源。

在室内，二手烟是颗粒物最主要的来源。颗粒物的来源是不完全燃烧，因此只要是依靠燃烧的烟草产品，都会产生具有严重危害的颗粒物。

3. PM2. 5 的危害

细颗粒物与较粗的大气颗粒物相比，粒径小，含大量的有毒、有害物质，且在大气中的停留时间长、输送距离远，因而对人体健康和大气环境质量的影响更大。研究表明，颗粒越小对人体健康的危害越大。细颗粒物能飘到较远的地方，因此影响范围较大。

细颗粒物直径越小，进入呼吸道的部位越深。10 μ m 直径的颗粒物通常沉积在上呼吸道，2 μ m 以下的可深入到细支气管和肺泡。细颗粒物进入人体到肺泡后，直接影响肺的通气功能，使机体容易处在缺氧状态。

4. PM2. 5 的计量方法

PM2.5 测量主要包括质量浓度测量和化学成分测量两大部分。用于 PM2.5 质量浓度监测的仪器主要是采样器和监测仪，按工作原理分为手工分析法和自动分析法 [包括微量振荡天平（TEOM）法、β 射线测量法、光散射测量法]。微量振荡天平法、β 射线测量法以及光散射测量法在实际应用中各有优劣，它们的测量结果必须使用重量法（又称滤膜称重法）进行校准，即重量法是 PM2.5 测量的标准方法，是 PM2.5 测量的基础。

（由化学分析与医药环境研究所赵晓宁撰稿）

81 等风来，风速怎么测?

秋末冬临，雾霾总是能够轻易地把蓝天赶走，而人们在此时是那么热切地盼望着风的来临，不由让人想起电影《等风来》的一句台词：“现在的我们只需要静静地，等风来。”那么，风来了，风速是多少？风速是怎样测出来的呢?

风速是指单位时间内空气移动的水平距离。风速以米每秒（m/s）为单位。最大风速是指在某个时段内出现的 10min 最大平均风速值。极大风速（阵风）是指某个时段内出现的最大瞬时风速值。瞬时风速是指 3s 的平均风速。中国古代早在东汉时期就发明了测量风速的相风铜乌，“遇风乃动，察其所自，云乌动百里，风鸣千里”，是最早的风速计雏形。随着科技的发展，风速测量的技术也一直在进步，从早期的皮托管风速仪、叶轮式风速仪、热式风速仪，发展到现在的激光风速仪、超声波风速仪、多普勒风速仪及粒子成像风速仪等。

1. 目前市场上主要的三种风速测量仪

（1）机械式风速仪

机械式风速仪是传统的风速测量仪器，它的工作原理是利用机械结构将流动空气的动能线性地变换成旋转机构的转动，然后测量旋转机构的转动速度，求出流过末端装置的空气流速。这类风速仪由于体积结构比较大，测量范围广，在小环境中使用时对风场的影响较大，所以一般在风场空间空旷的场所和环境中使用，主要用于气象测量、环境监测等场合。此类传感器结合风向标的使用，可以测得风场的风向。典型的机械式风速仪有风杯式风速仪和叶轮式风速仪。

（2）皮托管风速仪

皮托管又名“风速管”，由 18 世纪法国物理学家 H. 皮托发明。标准皮托管由探头、外管、内管、管柱和静压、全压引出管路组成。皮托管端部有一根带有小孔的金属细管，为导压管，迎着流体方向测出流体的总压力；在皮托管头部全压测孔后靠下游处环绕管壁外侧开多个小孔，流体的流动方向与这些小孔的中心轴线相互垂直，用来测得静压力。全压和静压的差值即为动压力（ΔP）。根据伯努利定理，动压力与流速的平方成正比，因此用皮托管可测出流体的流速，其数学表达式为：

$$v = K\sqrt{\Delta P}$$

式中：

v——流速；

K——流量系数；

ΔP——动压力。

皮托管风速仪设备结构简单，对环境的适应性较好，精确度和分辨率都相对比较高，但不适合用于低速范围的风速测量，一般要求其全压测孔处雷诺数大于 200。

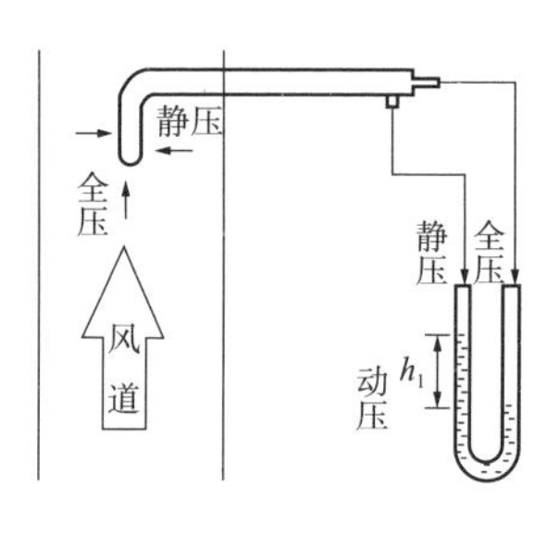

说明：

h_1——液面高度差。

皮托管测量风速的原理示意图

（3）热式风速仪

热式风速仪起源于20世纪初，因其灵敏度高（可以测到0.1m/s）、稳定性好、携带方便，能够实现实时、动态、连续地测量，在20世纪60年代迅速发展起来成为应用广泛的风速测量方法。热式风速仪属于热损式风速测量仪器，这类风速仪是根据热传递原理，通过检测暴露在流体中的热敏感元件的热耗散和热传递速度来检测流速，最终将流速信号转变为电信号的一种测速仪器。

热式风速仪最为典型的一种是热线式风速仪，其原理是将一根通电加热的细金属丝（称热线）置于气流中，热线在气流中的散热量与流速有关，而散热量导致热线温度变化而引起电阻变化，流速信号即转变成电信号。它有两种工作模式：1）恒流式。通过热线的电流保持不变，温度变化时，热线电阻改变，因而两端电压变化，由此测量流速。2）恒温式。热线的温度保持不变，如保持150℃，根据所需施加的电流可度量流速。恒温式比恒流式应用更广泛。热线长度一般在0.5mm~2mm范围，直径在1μm~10μm范围，材料为铂、钨或铂铑合金等。若以一片很薄（厚度小于0.1μm）的金属膜代替金属丝，即为热膜风速仪，功能与热线风速仪相似，但多用于测量液体流速。热线除普通的单线式外，还可以是组合的双线式或三线式，用以测量各个方向的速度分量。热线风速仪与皮托管风速仪相比，具有探头体积小、对流场干扰小、响应快、能测量低速等优点。

2. 在日常科研和生活中，我们如何正确地选择风速仪

0m/s ~100m/s的流速测量范围可以分为三个区段：低速：0m/s~5m/s；中速：5m/s~40m/s；高速：40m/s~100m/s。风速仪的热敏

式探头用于 0m/s~5m/s 的精确测量；风速仪的转轮式探头测量 5m/s~40m/s 的流速效果最理想；而利用皮托管风速仪则可在高速范围内得到最佳结果。正确选择风速仪的流速探头的一个附加标准是温度，通常风速仪的热敏式传感器的使用温度约达 ±70℃。特制风速仪的转轮探头的使用温度可达 350℃。皮托管风速仪的使用温度可达 350℃以上。

（由化学分析与医药环境研究所潘一廷撰稿）

82　计量告诉你什么是纳米?

1. 纳米的概念

纳米是一个长度单位，符号为 nm，是 nanometer 的缩写。米作为国际单位制基本长度单位，符号为 m，是 meter 的缩写，$1\text{nm} = 10^{-9}\text{m}$。在我们日常生活中经常使用到尺子，一般学生用直尺或者三角板的最小刻度为毫米，符号为 mm，是 millimeter 的缩写，$1\text{nm} = 10^{-6}\text{mm}$，更直观的表达就是 1nm = 0.000 001mm。

2. 用类比来感知纳米长度

那么 1nm 到底有多长? 用书本中常见的 $1\text{nm} = 10^{-9}\text{m}$ 和 $1\text{nm} = 10^{-6}\text{mm}$ 这种表述方式还是不够形象，因为它太小了。现在我们换一种方式理解纳米的大小，$1\text{nm} = 10^{-6}\text{mm}$，即 $1\text{mm} = 10^{6}\text{nm}$，即 1mm 是 1nm 的 10^{6} 倍。

如今学校的标准操场的跑道，一圈是400m，如果我们将1nm类比为上式中的1mm，那么1mm就是2.5圈操场的长度。进而，我们可以想象出1nm到底有多长，即如果将绕400m操场走2.5圈这个距离类比为1mm的话，1nm就是你手中尺子上1mm的大小。

3. 用科学仪器来观测纳米长度

以上我们已经用简单的类比来感知了纳米尺度的大小，那么研究工作者是怎样更严谨地用科学仪器的方法来表征一种东西是纳米尺度呢？现在人们可以用多种检测手段获得物体微观纳米尺度。这里我们来阐述两种方法：第一种是通过透射电子显微镜来观察纳米尺度；第二种是通过原子力显微镜来感知纳米尺度，再展现在人们的眼前。

在研究工作中，透射电子显微镜（Transmission Electron Microscope，TEM）之所以能够让人们观察到材料的纳米尺寸大小，是因为其放大倍数可达几十万倍，好的TEM放大倍数可以达到近百万倍。这里我们需要了解人肉眼的分辨率，即人能够分辨出两个黑点的最小距离。人肉眼观察物体距离为25cm时，正常肉眼的分辨率为0.06mm~0.12mm，平均分辨率为0.09mm，约为0.1mm。当我们把纳米级别的物体放大到我们肉眼能够观察的地步，我们就可以从科学的角度上说我们看到了所观察物体的纳米尺度上的微观形貌。比如一个10nm长的物体，我们将其放大20万倍，20万倍是TEM能轻松办到的事情，该物体放大后就成了2 000 000nm，换算成毫米就是2mm。10nm是我们肉眼无法感知的，但是经过TEM20万倍的放大之后成了2mm，此时我们能够感知其大小了。而我们的光学显微镜的放大倍数一般是几百倍，最大能达到上千倍，比如光学显微镜放大1000倍，那么10nm的物体放大1000倍后为 10 000nm，即 0.01mm，前面已经表述了人的肉眼分辨率为 0.1mm，显然光学显微镜无法达到要求，所以在观察纳米微观尺度的时候，人们采用 TEM 而不是光学显微镜。

人闭上眼睛通过手来触摸物体，可以感知物体的轮廓。同样原子力显微镜（Atomic Force Microscope,AFM）也是通过触摸的方式来感知物体的表面，它靠一个悬臂，悬臂的一端固定，悬臂的另一端有探针，其基本工作原理就是靠探针在物体表面移动，遇到高低起伏，探针与物体表面的相互作用力会有所变化，进而造成悬臂弯曲，悬臂的弯曲程度转化为光信号，光信号再转化成电信号，进而转化为电脑端输出图像。简而言之就是在物体表面上，当探针上的原子与物体表面的原子发生相互作用力时，每一个点都有一个信息输出，整个表面上的信息输出转化为最终的表面形貌信息。由于其分辨率也是纳米级别的，为此人们可以用原子力显微镜来观察材料表面的微观纳米尺度。

（由机械制造与智能交通研究所王雪撰稿）

83 “一米”到底有多长?

现今“一米”的长度定义为“光在真空中行进 1/299 792 458 秒的距离。”那么这个 299 792 458 是怎么确定的?为什么不是 1/300 000 000,也不是 1/299 000 000,却偏偏是那么奇怪的数值?

原来,“米”经历了三次定义,才成为我们现在熟悉的计量单位。一米最早被定义为通过巴黎的子午线长度的四千万分之一。后来制成国际米原件,再后来用光的波长度量。

18 世纪工业革命后,科学技术迅速发展,这迫使科学家去寻找能保持经久不变的国际统一的测量长度的标准。

1791 年,法国科学家认为地球的大小是不变的,于是开始测量地球子午线,并提出把地球子午线的四千分之一的长度定为一米,并用铂制成了截面为 4mm × 25.3mm 的第一根标准米尺。这根标准米尺就成了世界上最早的米原器,保存在法国档案局。1875 年 3 月 1 日,法国国民议会邀请美国、俄国、德国、阿根廷、奥地利、丹麦、比利时等 20 个国家的代表,在巴黎召开国际会议,并于同年 5 月 20 日(也就是 1999 年第二十一届国际计量大会确定每年 5 月 20 日为世界计量日的根据),由 20 个国家中的 17 个全权代表签订了“米制公约”。

1889 年 9 月 20 日,第一届国际计量大会根据瑞士制造的米原器,将“米”定义为:“0℃时,巴黎国际计量局的截面为 X 形的铂铱合金尺两端刻线记号间的距离。”这是国际计量局第一次给“米”下的定义。但因刻线的宽度影响,科学家们对这个米原器的精度(只达 0.2μm)感到不满意。并且,科学家们认为:其一,这根米原器太娇弱,为了保持精度,必须终年放在恒温房间里,不能让阳光直射,如果外界变化一个大气压，它就会伸缩万分之一毫米；其二，铂铱合金不可避免地受热胀冷缩的影响，这就很难满足精密零件的测量；其三，金属制造的尺，成年累月，终不可避免要被腐蚀、损坏，如果国际标准米尺损坏后，再造一个和原来一模一样的米尺，那是办不到的。这就决定了科学家们要继续寻求“米”的定义方法。

1880 年至 1882 年间，美籍德国科学家阿尔伯 · 迈克尔逊在柏林大学研制了一台镜式干涉仪。1892 年经过改进和完善后，他第一次用镉红外波长，以光波干涉法测量了国际米原器，测量精度高达 2.5×10^{-7}m，比法国档案局保存的米原器的精度提高了 100 倍。干涉仪的使用使长度计量进了一大步，大大促进了计量科学的发展，从而结束了国际间使用了 70 多年的长度实物基准。于是 1960 年 10 月的第十一届国际计量大会上，科学家们给“米”下了第二次定义：“米等于氪 86 原子的 2pe 和 5ds 能级间跃迁所对应的辐射在真空中的 1 650 763.73 个波长的长度。”以自然基准代替了实物基准，这是计量科学的一次革命。用光波波长定义“米”的主要优点是稳定，不受环境影响，这是有激光前最好的单色光。但是它很弱，用起来很困难，在用了 23 年后就被淘汰了。

1960 年第十一届国际计量大会上决议将这种单位制命名为“国际单位制”，国际符号为 SI，并规定了词头、导出单位及辅助单位。1971 年第十四届国际计量大会又做了修改，以米、千克、秒、安培、开尔文、摩尔、坎德拉七个单位作为基本单位。对每个单位都给以严格的理论定义，导出单位则通过选定的方程式用基本单位来定义，使各单位间合理地相互联系起来。

1983 年第十七届国际计量大会给“米”带来了新的定义：“米是光

在真空中 1/299 792 458 秒时间间隔内行程的长度。”这便是米的第三次定义。因为光速在真空中是永远不变的，因而基准米就更精确了。

经过三次定义，“米”终于成为了我们熟悉的长度计量单位，米制也成为计量的基础制度，国际计量大会规定了以米制作为基础的国际单位制。

1959 年，我国国务院发布了《关于统一计量制度的命令》，确定以米制为我国的基本计量制度。

（由机械制造与智能交通研究所吴辰龙撰稿）

84 硬度是如何衡量的?

1. 硬度的定义

硬度，物理学专业术语，材料局部抵抗硬物压入其表面的能力称为硬度。固体对外界物体入侵的局部抵抗能力，是比较各种材料软硬的指标。由于规定了不同的测试方法，所以有不同的硬度标准。各种硬度标准的力学含义不同，不能相互直接换算，但可通过试验加以对比。

早在 1822 年，Friedrichmohs 便提出用 10 种矿物来衡量世界上最硬的和最软的物体，即为摩斯硬度。摩斯硬度由 10 种常见的矿物组成，按硬度从小到大分为 10 级：1）滑石；2）石膏；3）方解石；4）萤石；5）磷灰石；6）长石；7）石英；8）黄玉；9）刚玉；10）金刚石，其相应的数字即为摩斯硬度值。硬度高的矿物可在硬度低的矿物上留下刻痕，反之不能。据此，使未知硬度的矿物与标准矿物相互刻划，以确定该矿物的摩斯硬度。

硬度试验是机械性能试验中最简单易行的一种试验方法。为了能用硬度试验代替某些机械性能试验，生产上需要一个比较准确的硬度和强度的换算关系。

2. 金属材料的不同硬度评定方法

测量金属材料表面硬度是一种材料机械性能试验。 硬度试验是材料试验中最简便的一种，与其他材料试验如拉伸试验、冲击试验和扭转试验相比，具有以下特点：1）试验可在零件上直接进行而不论零件大小、厚薄和形状；2）试验时留在表面上的痕迹很小，零件不被破坏；3）试验方法简单、迅速。硬度试验在机械工业中广泛用于检验原材料和零件在热处理后的质量。由于硬度与其他机械性能有一定关系，也可根据硬度估计出零件和材料的其他机械性能。硬度试验方法很多，一般分为划痕法、压入法和动力法 3 类。

划痕法测得的硬度值表示材料抵抗表面局部断裂的能力。试验时用一套硬度等级不同的参比材料与被测材料相互进行划痕比较，从而判定被测材料的硬度等级。常见的如摩斯硬度试验。

压入法测得的硬度值表示材料抵抗表面塑性变形的能力。试验时用一定形状的压头在静载荷作用下压入材料表面，通过测量压痕的面积或深度来计算硬度。压入法有布氏硬度、洛氏硬度和维氏硬度试验。

动力法采用动态加载，测得的硬度值表示材料抵抗弹性变形的能力。常见的如里氏硬度、肖氏硬度试验。

3. 硬度试验方法的区别

常见的硬度试验方法有洛氏硬度试验方法、布氏硬度试验方法、维氏硬度试验方法和里氏硬度试验方法。

洛氏硬度试验是用金刚石压头先后两次对被试材料表面施加试验力（初始试验力 F_0 与总试验力 F_0+F_1），在试验力的作用下压头压入试样表面。在总试验力保持一定时间后，卸除主试验力 F_1，保留初始试验力 F_0 的情况下测量压入深度，以总试验力下的压入深度与在初始试验力下的压入深度之差（即所谓的残余压入深度）来表征硬度的高低，残余压入深度值越大，硬度值越低，反之亦然。

布氏硬度试验是用一定大小的试验力 F（N）[①]，把直径为 D（mm）

① 力的单位通常为公斤力 kgf。1kgf = 9.8N，kgf 即一千克的力的意思。

的淬火钢球或硬质合金球压入被测金属的表面，保持规定时间后卸除试验力，用读数显微镜测出压痕平均直径 d (mm)，然后按公式求出布氏硬度 HB 值，或者根据 d 从已备好的布氏硬度表中查出 HB 值。

维氏硬度试验是以 49.03N~980.7N 的负荷，将相对面夹角为 136° 的方锥形金刚石压入器压入材料表面，保持规定时间后，测量压痕对角线长度，再按公式来计算硬度的大小。它适用于较大工件和较深表面层的硬度测定。维氏硬度试验尚有小负荷维氏硬度试验，试验负荷 1.961N~49.03N，它适用于较薄工件、工具表面或镀层的硬度测定；以及显微维氏硬度试验，试验负荷 <1.961N，适用于金属箔、极薄表面层的硬度测定。

里氏硬度试验是由瑞士 LEEB 博士 1978 年首次提出的全新的硬度测量方法，它的定义是：用规定质量的冲击体在弹力作用下以一定速度冲击试样表面，用冲头在距离试样表面 1mm 处的回弹速度与冲击速度之比计算出的数值，因 LEEB 博士提出故而得名里氏硬度。

（由机械制造与智能交通研究所汪宁溪撰稿）

85 声音是如何产生和传播的?

1. 声音是如何产生的

我们生活的世界充满了各种声音，有优美动听的音乐，给人以美的享受，也有些声音使人感到刺耳难听。我们无时无刻不在与声音打交道，声音无时不有、无处不在，声音是我们了解周围事物、获取信息的主要渠道。

以下是生活及自然界中一些神奇的发声现象：

（1）吹口琴的声音，是由于气流的冲击，琴内的弹簧片发生振动发出的。

（2）悠扬的萨克斯声，是由于气流通过管内时，使管内空气柱振动而发出的。

（3）吹口哨声，是口腔内空气振动产生的。

（4）炎热的夏天，响亮的蝉鸣是蝉的发音肌收缩时，引起发音膜的振动而产生的。

（5）气球爆炸声，是气球膜的振动引起周围空气的振动而产生的。

（6）声势浩大的瀑布声，是水撞击石头，引起空气的振动发出声音。

（7）笑树能发出笑声，是果实的外壳上面有许多小孔，经风一吹，壳里的籽撞击壳壁发出声音。

综合上述现象得出结论：一切发声的物体都在振动。声音的产生是物体振动的结果，振动停止，声音也消失。

2. 声音是如何传播的

声音是由物体的振动发出，那么声音是怎样向远处传播的呢？通过以下几个试验现象可以得出结论：

（1）把正在响的闹钟用塑料袋包住，放进水中听声音的情况。

（2）在水中，敲击两块石头，旁边的人能听到声音在水中。

（3）一个同学轻敲课桌一端，另一个同学把耳朵贴近课桌的另一端，听声音的情况。

（4）宇航员在太空中只能通过无线电进行交流。

由此可以说明，声音传播需要介质，在气体、液体、固体间都可以传播。真空中不能传播声音。

3. 声音与人类自然生活息息相关

我们就生活在一个充满声音的世界里。关于声现象我们接触得很多但却了解得很少，我们的祖先在建筑和科研中都广泛应用了声学技术，如天坛的回音壁、三音石等，都是声学知识应用的杰出典范。现代的建筑如礼堂、音乐厅的设计中，也都要考虑到声学效果，海军用声学技术——声呐来测量海深、探测敌舰等。而人们赖以欣赏音乐的乐器、音响设备，更是集中体现了人类对声现象的研究成果和与电子技术的巧妙结合。“对牛弹琴”这个成语的意思是牛不懂音乐，可是有人做过这样的试验：经常给奶牛、母鸡放优美的音乐，它们可以多产奶、多生蛋。还有人做过这样的试验：使爬藤植物的两侧保持一定距离，各放一台录音机放音乐，过一段时间，藤子向柔和的声音爬去。可见，声音与人类自然生活是息息相关的。

（由机械制造与智能交通研究所张博、闫瑞撰稿）

86 你知道土地面积是如何计量的吗?

在日常生活中，土地面积经常需要进行丈量，但是如何保证测量的土地面积准确，就需要进行详细测量方案的设计。常用的测量方法有皮尺测量法和 GPS 测量法，这两种方法的测量精度偏低，而利用全站仪进行测量，其精度则有所提升。

全站仪是在角度测量自动化的过程中应运而生的，其发展经历了从组合式（即光电测距仪与光学经纬仪组合），光电测距仪与电子经纬仪组合，再到整体式全站仪等几个阶段。全站仪可以方便地测量距离和角度：测量角度时，先将全站仪瞄准第一个目标，再将其瞄准第二个目标，即可读出两个目标与全站仪的夹角；测量距离时，将全站仪与棱镜分别置于被测距离的两端，全站仪发出激光，激光被棱镜反射，从而测出距离。

被测量的土地边缘线条可以是直线、曲线，也可以是直线和曲线的组合。测量中，首先将全站仪布置在土地中央位置，棱镜布置在土地边缘的某一点（设为起始点），测量全站仪至棱镜的距离，之后将棱镜沿着被测土地边缘移动，直至移动一周（如下图所示）。

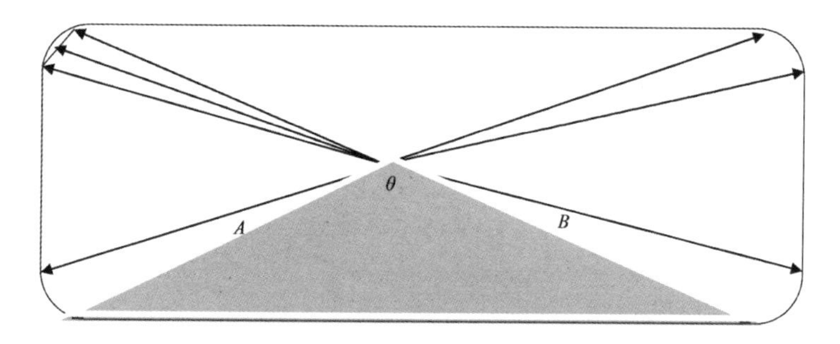

土地面积测量示意图

每移动一点，测量该点与土地中心位置的距离和该点与上一点相对土地中心位置的夹角。利用中心点至土地边缘的距离和角度，计算所形成的三角形的面积。将这部分的面积近似成三角形，利用公式$S_{AB}=(1/2)AB\sin\theta$计算出这一小部分的面积。当棱镜沿着土地边缘移动一周，就得到所有的三角形的面积，将全部三角形的面积相加就得到整个土地的面积。但是在具体的测量过程中，土地形状不够规则时，需要在曲线部分尽量多取点，取点越密集其测量结果越接近真实值。在实际操作中，还要根据对结果的精度要求和操作人员、仪器状况酌情决定取点数。

（由机械制造与智能交通研究所黄珊撰稿）

87 什么是计量上说的“基准”和“标准”?

在检定机构出具的证书中，我们总会看到计量标准和计量基准的字眼，这说明检定或校准的结果离不开计量标准，同时也与计量基准有关。计量基准与计量标准仅一字之差，都是测量标准，但它们建立的目的、原则、精度以及管理和使用方法上均有所区别。

计量基准是指经国家质检总局批准，在中华人民共和国境内为了定义、实现、保存、复现量的单位或者一个或多个量值，用作有关量的测量标准定值依据的实物量具、测量仪器、标准物质或者测量系统。计量标准是指准确度低于计量基准，用于检定或校准其他计量标准或工作计量器具的测量标准，其目的是通过比较把该单位或量值传递到其他测量器具。

国家计量基准是一个国家内量值溯源的终点，也是量值传递的起点，具有最高的计量学特性。全国的各级计量标准、工作计量器具以及标准物质测量的定值，都应直接或者间接地溯源到计量基准。而计量标准在我国量值传递和量值溯源中处于中间环节，起着承上启下的作用，即计量标准将计量基准所复现的量值，通过检定或者校准的方式传递到工作计量器具，确保工作计量器具量值的准确、可靠和统一，从而使工作计量器具进行测量得到的数据可以溯源到计量基准。

计量基准通常分为国家计量基准（主基准）、国家副计量基准和工作计量基准三类。国家副计量基准是用以代替国家计量基准的日常使用和验证国家计量基准的变化，一旦国家计量基准损坏，国家副计量基准可用来代替国家计量基准。工作计量基准主要是用于代替国家副计量基准，对计量标准进行日常检定，以避免由于国家副计量基准使用频繁而丧失其应有的计量学特性或遭损坏。国家建立计量基准器具的原则，要根据社会经济发展和科学技术进步的需要，由国家质检总局负责统一规划、组织建立。属于基础性的、通用性的计量基准，建立在国家质检总局设置或授权的计量技术机构；属于专业性强、仅为个别行业所需要，或者工作条件要求特殊的计量基准器具，可以建立在有关部门或者单位所属的计量技术机构。计量基准可以进行仲裁检定，所出具的数据能够作为处理计量纠纷的依据并具有法律效力。

我国的计量标准，按其法律地位、使用和管理范围的不同，分为社会公用计量标准、部门计量标准和企事业单位计量标准三类。计量标准是将计量基准的量值传递到国民经济和社会生活各个领域的纽带，是确保量值传递和量值溯源、实现全国计量单位制的统一和量值准确可靠的必不可少的物质基础和重要保障。计量标准中的社会公用计量标准作为统一本地区量值的依据，在实施计量监督中具有公证作用。在处理计量纠纷时，社会公用计量标准仲裁检定后的数据同样可作为仲裁依据，具有法律效力。

（由能源资源与远程监测研究所程耀华撰稿）

88 常说的“检定、校准、检测”是什么意思?

1. 什么叫检定

检定即查明和确认计量器具是否符合法定要求的程序，它包括检查、加标记和（或）出具检定证书。检定是为评定计量器具计量性能是否符合法定要求，确定其是否合格所进行的全部工作。检定具有法制性，其对象是《中华人民共和国依法管理的计量器具目录》中的计量器具，包括计量标准器和工作计量器具，可以是实物量具、测量仪器和测量系统。

计量检定有以下特点：

（1）检定的对象是计量器具，而不是一般的工业产品；

（2）检定的目的是确保量值的统一和准确可靠，其主要作用是评定计量器具的计量性能是否符合法定要求；

（3）检定结论是确定计量器具是否合格，是否允许使用；

（4）检定具有计量监督管理的性质，即具有法制性。法定计量检定机构或授权的计量技术机构出具的检定证书，在社会上具有特定的法律效力。

2. 什么叫校准

校准即在规定的条件下，为确定测量仪器或测量系统所指示的量值，或实物量具或参考物质所代表的量值，与对应的由测量标准所复现的量值之间关系的一种操作。

校准的目的是确定被校准对象的示值与对应的由计量标准所复现的量值之间的关系，以实现量值的溯源性。

校准工作的内容就是按照合理的溯源途径和国家计量校准规范或其他经确认的校准技术文件所规定的校准条件、校准项目和校准方法，将被校对象与计量标准进行比较和数据处理。校准是按照使用的需求实现溯源性的重要手段，也是确保量值准确一致的重要措施。

3. 什么叫检测

检测即法定计量检定机构计量技术人员从事的计量检测，主要是指计量器具新产品和进口计量器具的型式评价、定量包装商品净含量的检验。计量检测的对象是某些计量器具产品和定量包装商品。

对计量器具新产品和进口计量器具的型式评价，是依据型式评价大纲对计量器具进行全性能试验，将检测结果记录在检测报告上，为政府计量行政部门进行型式批准提供依据。

对定量包装商品净含量的检验是依据国家计量技术规范对定量包装商品的净含量进行检验，为政府计量行政部门以商品量的计量监督提供依据。

（由热工流量与过程控制研究所余颖撰稿）

89 精密测温中神秘的“点”是什么?

精密测温时往往用到许多固定点，即利用物质的相来定义温度。

在通常条件下，物质有三种状态，即气态、液态和固态。这三种状态也被称为三相。它们在一定条件下可以平衡存在，也可以相互转换。相是指系统中物理性质均匀的部分，物质从一相变为另一相称为相变。物质在相变过程中，会呈现二态或三态共存，而温度恒定不变。物质不同相之间的可复现的平衡温度称为固定温度点，简称固定点。

物质从固相变为液相的过程称为熔化，从液相转变为固相的过程称为凝固或结晶。在一定的压强下，晶体要升高到一定的温度才熔化，该温度称为熔化温度，简称熔点。晶体凝固时的温度称为凝固温度，简称凝固点。对同一物质，它的凝固点就是它的熔点，凝固时它的固态和液态是可以共存的。

熔解时，吸收的热量用于使固体物质熔解；凝固时，液态转变为固态，同时放出热量。

《1990 年国际温标》（ITS-90）中已给出了标准铂电阻温度计的电阻 - 温度关系，即参考函数和偏差函数。偏差函数包含几个温度系数，这几个函数对不同的铂电阻温度计数值是不同的。这些系数的确定要在所定义的固定点中进行，铂电阻温度计的校准和温标的传递就是在固定点中确定温度计的若干个温度系数值。ITS-90 所规定的固定点（见表 1）绝大多数都是纯物质的相变点。

表1 ITS-90所规定的固定点

序号	固定点	温度		$W_r(t_{90})$
		t_{90}/℃	T_{90}/K	
1	水三相点	0.01	273.16	1.000 000 00
2	镓熔点	29.7646	302.9146	1.118 138 89
3	铟凝固点	156.5985	429.7485	1.609 801 85
4	锡凝固点	231.982	505.078	1.892 797 68
5	锌凝固点	419.527	692.677	2.568 917 30
6	铝凝固点	660.323	933.473	3.376 008 60
7	银凝固点	961.78	1234.93	4.286 420 53

（由热工流量与过程控制研究所余颖撰稿）

90 你了解纳米和电脑 CPU 之间的联系吗?

为什么纳米科技这么热，它主要来源于哪里呢？纳米作为一种长度的微观尺度在各行各业都可以用到，但它的起源应该是电脑的 CPU。我们所用的电脑 CPU 就是中央处理器（Central Processing Unit），它是一块大规模的集成电路（Integrated Circuit，IC），是一台电脑的运算核心和控制核心，号称电脑的大脑。CPU 制造工艺的微米纳米数字就是指集成电路内电路与电路之间的距离。在 1995 年以后，CPU 从 500nm、350nm、250nm、180nm、150nm、130nm、90nm、65nm、45nm、32nm、22nm 甚至发展到 14nm。资料显示 2010 年 Intel 就已经发布了具备 32nm 的制造工艺的酷睿 i3、酷睿 i5、酷睿 i7 系列的 CPU。可以看出 CPU 的制造工艺都在纳米范围内，朝着越来越小的尺度发展，进而引领了纳米科技。

提高处理器的制造工艺具有重大的意义，使处理器实现更多的功能和更高的性能，更先进的制造工艺还使处理器的核心面积进一步减小，也就是在相同面积的晶圆上可以制造更多的 CPU 产品，直接降低了 CPU 的产品成本，从而最终降低了 CPU 的销售价格，使广大消费者更宜于接受。先进的 CPU 制造工艺使 CPU 的性能和功能不断增强，而价格则一直在下滑，进而使得电脑从只有政府、大企业能用的设备，变成了人们能够消费得起的生活必需品。纳米制造工艺就是越小越好，打个比方，普通的笔在一张纸上可以写 100 个字，细一些的笔可以写 500 个字，更细的笔可以写 10 000 个字，CPU 就是要在几平方厘米中写上千亿个字，这是纳米在我们日常生活中最典型的例子。而能够对这一尺度进行检验的有多种方式，比如透射电子显微镜和原子力显微镜等。当前电子技术的趋势要求系统的响应速度越来越快，器件越来越小，单个器件的功耗越来越小，纳米技术在这个领域的影响将是巨大的。

（由机械制造与智能交通研究所岳春然撰稿）

参考文献

REFERENCES

[1] 王津水 . 如何识别电子秤作弊 [J]. 河北企业，2010.

[2] 许海 . 电子秤常用的作弊手段及查处方法 [J]. 计量与测试技术，2010.

[3] 刘京本 . 中国客运索道的现状及发展前景 [J]. 中国特种设备安全，2006，22（4）：9-13.

[4] 荷叶效应与纳米涂层 [OL]. 科学松鼠会，[2009-03-29]. http：//songshuhui.net/archives/12204/.

[5] 江雷，冯琳 . 仿生智能纳米界面材料 [M]. 北京：化学工业出版社，2007：51-52.

[6] FengL，Li S H，Li Y S，Li H J，Zhang L J，Zhai J，SongYL，Liu B Q，Jiang L，Zhu D B.Super-hydrophobic surfaces：From Natural to Artificial[J].Advanced Materials，2002，14：1857.

[7] 姜立萍，黄磊 . 荷叶效应功能在防污涂料中的应用 [J]. 材料保护，2013，46（2）：44-47.

[8] 中国汽车流通协会 .2015 年全国二手车市场分析 [OL]. 中国汽车流通协会官网，[2016-02-01].http：//www.cada.cn/Data/info_86_4978.

html.

[9] 中华人民共和国商务部 . 二手车鉴定评估技术规范：GB/T 30323—2013[S]. 北京：中国标准出版社，2014.

[10] 张执玉，宋双羽 . 二手车鉴定评估理论与实务 [M]. 北京：中国劳社会保障出版社，2013.

[11] 全国声学计量技术委员会 . 医用超声诊断仪超声源：JJG 639—1998[S]. 北京：中国计量出版社，1998.

[12] 何俊明 . 基于 B 超计量检定结果及影响的研究 [J]. 计量与测试技术，2016，43（3）：16-19.

[13] 姚炜 . 微风速矢量测量系统 [D]. 合肥工业大学硕士论文，2012.

[14] 建设部标准定额研究所 . 热球式风速仪：JJG（建设）0001—92[S]. 北京：中国计量出版社，1992.